# 项目安全风险预警决策研究
# ——以建筑业为例

施庆伟 著

图书在版编目(CIP)数据

项目安全风险预警决策研究：以建筑业为例 / 施庆伟著. -- 重庆：西南大学出版社, 2025.6. -- ISBN 978-7-5697-3060-9

Ⅰ. TU712

中国国家版本馆CIP数据核字第2025CZ9686号

# 项目安全风险预警决策研究——以建筑业为例

XIANGMU ANQUAN FENGXIAN YUJING JUECE YANJIU——YI JIANZHUYE WEI LI

施庆伟　著

**责任编辑**：曾　文
**责任校对**：郑祖艺
**装帧设计**：米可设计
**排　　版**：李　燕
**出版发行**：西南大学出版社（原西南师范大学出版社）
　　　　　　重庆·北碚　　邮编：400715
**印　　刷**：重庆新生代彩印技术有限公司
**成品尺寸**：170 mm×240 mm
**印　　张**：8.75
**字　　数**：112千字
**版　　次**：2025年6月第1版
**印　　次**：2025年6月第1次印刷
**书　　号**：ISBN 978-7-5697-3060-9
**定　　价**：49.00元

# 前言

我国新型城镇化进程的快速推进和基础设施建设的蓬勃发展，奠定了经济转型调整、建筑产业现代化的大背景，建筑业作为国民经济发展的支柱产业之一，其持续、良性的发展对我国经济建设有着重大影响，在推动经济增长与改善民生福祉中发挥了不可替代的作用。然而，随着建筑工程规模的日益扩大和建筑工程施工复杂性的增加，建筑行业因其作业环境复杂、参与主体多元、技术与管理难度高等特点，安全管理问题日益凸显。相较于国外项目的安全管理水平，我国建筑企业的项目安全管理水平相对低下，项目大多缺乏事前控制，易造成安全事故、遭受经济损失，严重影响我国建筑业现代化大背景下的行业良性可持续发展。

据统计，2020年全国房屋市政工程生产安全事故造成794人死亡，造成的直接经济损失达数亿元。这一现状不仅会对从业人员的生命安全造成威胁，更制约了建筑行业的可持续发展。近年来，尽管政策法规不断完善、技术手段持续升级，但施工安全事故仍时有发生，暴露出传统安全管理模式在风险预警、动态决策和系统防控上的不足。如何构建科学、智能、高效的项目安全风险预警决策体系，已成为建筑业高质量发展亟待解决的核心问题。

为此，本书在大量文献研究的基础上，对国内外项目安全风险预警管理的现状进行了详细分析，并对国内相关研究趋势进行了归纳。近年来，信息技术与系统科学理论的快速发展为项目安全管理提供了新的研究路径。针对建筑企业施工过程中的项目安全风险问题，由于施工环境多变、工人和设备易受各方面的影响而出现较大的工作失误，项目安全风险预警决策系统呈现出复杂性和非线性特征。而传统的项目安全风险评估预测方法大部分以定性分析为主，不能直接用于指导项目安全风险的预警决策分析。本书在对比分析了系统动力学应用于预警决策的优势的基础上，以BIM（建筑信息模型）和RFID（射频识别技术）信息模型提供原始真实的现场数据，进行模型假设和确定变量边界，建立以流图为基础的项目施工安全风险预警仿真系统模型，通过结合复杂适应系统理论多Agent建模的方法对各主体间相互影响过程进行微观层面的描述，完善系统动力学宏观整体的趋势预测，对项目施工安全风险预测及控制优选过程进行仿真。

全书共六章：第一章为导论，系统梳理了国内外项目安全风险管理的研究现状与趋势；第二章解析了项目安全风险预警决策系统的理论框架与运行机理；第三章基于系统动力学构建风险因素反馈模型，揭示安全事故的因果链与演化规律；第四章整合BIM与RFID技术，设计动态信息采集与处理模块；第五章通过实证案例验证预警模型的可行性与有效性；第六章总结研究成果，提出政策建议与未来展望。

本书的创新之处主要体现在三个方面：一是理论层面，构建了涵盖"风险机理—决策系统—信息技术"的全链条预警决策理论框架；二是方法层面，融合了系统动力学与BIM，实现了风险演化模拟与动态预警的可视化呈现；三是实践层面，提出了基于物联网技术的风险管控路径，为建筑业安全管理数字化转型提供了参考。

本书汲取了国内外学者在安全管理、系统工程、信息技术等领域的丰硕成果，为建筑企业提供了可操作的风险管理工具，也为政府部门完善安全监管体系、制定行业标准提供了理论依据。期待本书的出版能够推动我国建筑行业安全管理从"被动应对"向"主动防控"转型,为构建智慧工地、实现建筑业高质量发展贡献绵薄之力。最后,由于作者水平有限,书中难免存在疏漏之处,恳请读者不吝指正。

# 目录

**第一章 导论** ………………………………………001

第一节 建筑项目安全风险研究的起源 ………001

第二节 项目安全风险管控的目的及目标 ……012

第三节 项目安全风险研究的现状 ……………016

第四节 项目安全风险研究的框架及主要方法 ………034

**第二章 项目安全风险预警决策机理分析** ………039

第一节 项目安全风险预警决策系统的相关概念界定
………………………………………………039

第二节 项目安全风险预警决策系统分析 ……050

第三节 项目安全风险预警决策系统构建 ……057

**第三章 项目安全风险预警决策影响因素** ………061

第一节 项目安全风险因素识别 ………………061

第二节 项目安全风险因素反馈模型构建 ……067

## 第四章　项目安全风险预警信息模型构建 ·········· 082
### 第一节　信息模型构建的方法应用 ·········· 082
### 第二节　安全风险预警信息模块构建 ·········· 090

## 第五章　项目安全风险预警决策模型构建 ·········· 094
### 第一节　项目安全风险预警决策流图构建 ·········· 094
### 第二节　模型中变量及函数关系确定 ·········· 098
### 第三节　项目安全风险预警模型基本情景及变量赋值 ·········· 102
### 第四节　项目安全风险预警决策系统动力学模型检验 ·········· 103
### 第五节　仿真及分析 ·········· 105

## 第六章　结论与展望 ·········· 107
### 第一节　总结 ·········· 107
### 第二节　结论 ·········· 108
### 第三节　建议 ·········· 109
### 第四节　展望 ·········· 111

## 参考文献 ·········· 113

# 第一章 导 论

## 第一节 建筑项目安全风险研究的起源

### 一、建筑项目安全风险的研究背景

1.实践背景

近几十年,我国经济快速发展,城镇化进程不断推进,建筑业蓬勃发展,为经济发展、社会进步和改善人民生活作出了巨大贡献,已成为国民经济发展的重要支柱产业。建筑业作为推动中国国民经济持续稳定发展的中流砥柱,不仅承担着国家基础设施建设和城镇化建设的重任,也促进了社会经济多元化发展,提高了人民的生活质量。近年来,随着国家政策的积极引导和市场需求的不断上升,建筑业迎来了前所未有的发展机遇,建筑企业数量激增,建筑生产经营规模不断扩大。这些积极的变化不仅标志着行业的活力和韧性,也为社会经济的繁荣注入了强大的动力。2012—2023年建筑业增加值占国内生产总值比重如图1-1所示。2012年以来,建筑业增加值占国内生产总值比重始终保持在6.70%以上。经初步核算,2023年全年全社会建筑业实现增加值85 691.1亿元,比上一年增长7.1%(按不变价格计算),增速高于国内生产总值1.9个百分点(赵峰等,2024)。

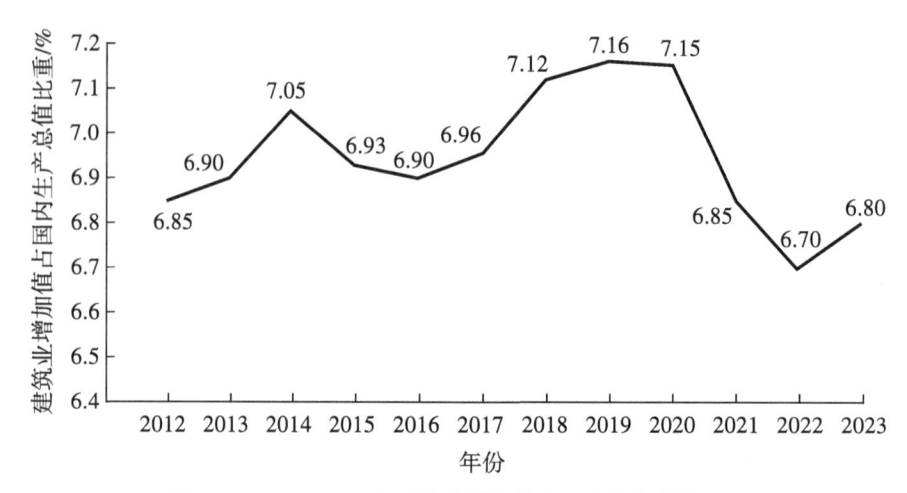

图1-1　2012—2023年建筑业增加值占国内生产总值比重

建筑业在快速发展的同时,也充分发挥了其作为劳动密集型产业的特性,为社会提供了大量的就业机会,成为吸纳就业人口的重要渠道。有统计数据显示,截至2023年底,我国建筑业从业人数达5 043.49万人,同比上年减少19.91万人,同比降低0.39%(见图1-2)。十年间,建筑业从业人数保持

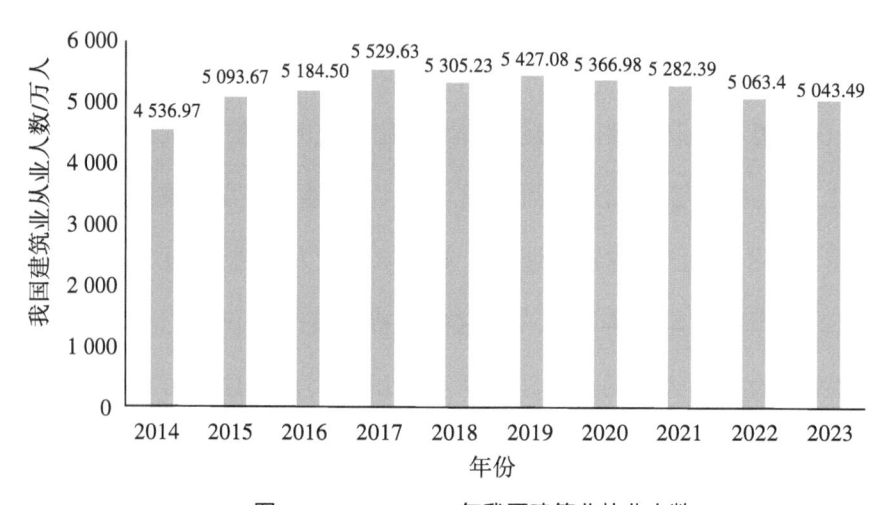

图1-2　2014—2023年我国建筑业从业人数

着相对稳定的状态,这不仅体现出建筑业在稳定就业、促进民生方面的巨大贡献,也进一步巩固了其在国民经济发展中的支柱地位。

在持续深入的改革开放和不断完善的市场经济体制前提下,建筑业虽然发展成了我国的支柱产业之一,但是也出现了大量的安全问题。一方面,随着城镇化速度的不断加快,建筑业不仅能够为推动国家GDP持续增长提供驱动力,而且能够解决大量人口就业的问题,我国建筑面积每年增加40亿$m^2$左右,约占全世界每年建筑面积增加的一半。另一方面,由于建筑产品施工环境的复杂性、动态性以及产品的大体积性、建筑物施工技术的交叉性(机电、装修、造型)等,项目安全风险的不确定因素增加,项目安全风险事故频发(见图1-3)。在科技不断发展的今天,建筑业主要的生产方式仍是传统的生产方式(劳务工人为施工现场的主要劳动力),这决定了项目的高风险性,其中,建筑基坑工程施工主要风险因素就多达20余项(周健等,2005)。

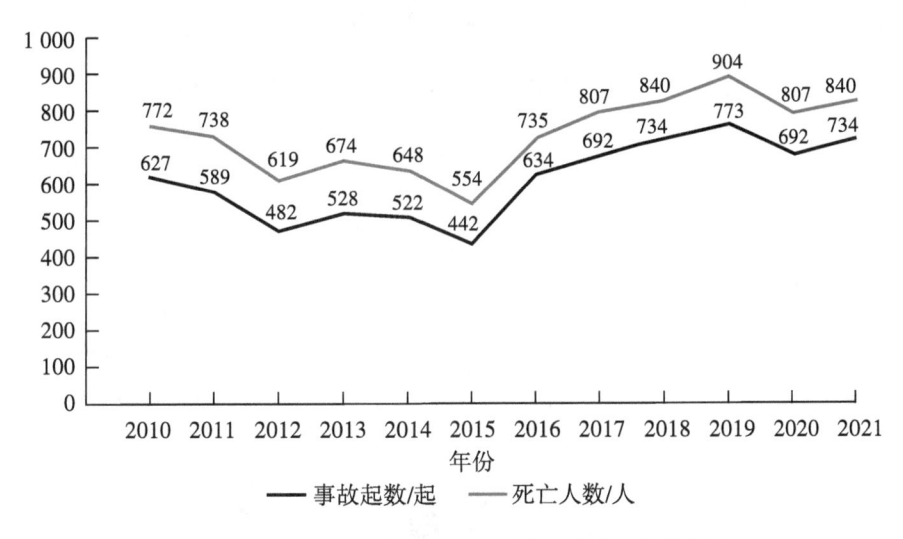

图1-3 2010—2021年房屋市政工程生产安全事故情况

根据《住房和城乡建设部办公厅关于2020年房屋市政工程生产安全事故情况的通报》,图1-4呈现了2020年全国房屋市政工程生产安全事故类型情况，图 1-5 呈现了 2020 年全国房屋市政工程生产安全较大及以上事故类型情况。不难发现，造成生产安全事故的原因大都是来自施工现场的不确定因素，比如起重机械伤害，高处坠落和土方、基坑坍塌等。在整个工程流程中，施工阶段是事故多发的主要阶段，根据相关数据统计，在施工阶段发生的较大及以上事故约占事故总数的一半。

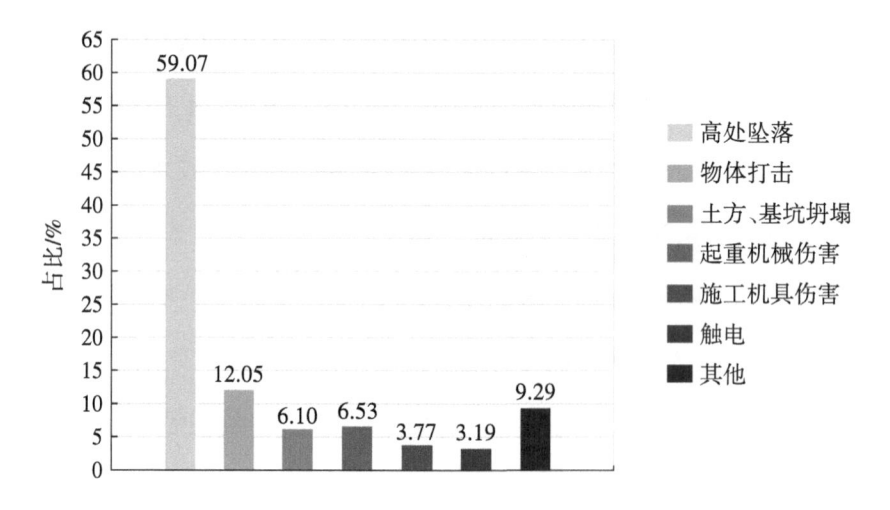

图 1-4  2020 年全国房屋市政工程生产安全事故类型情况

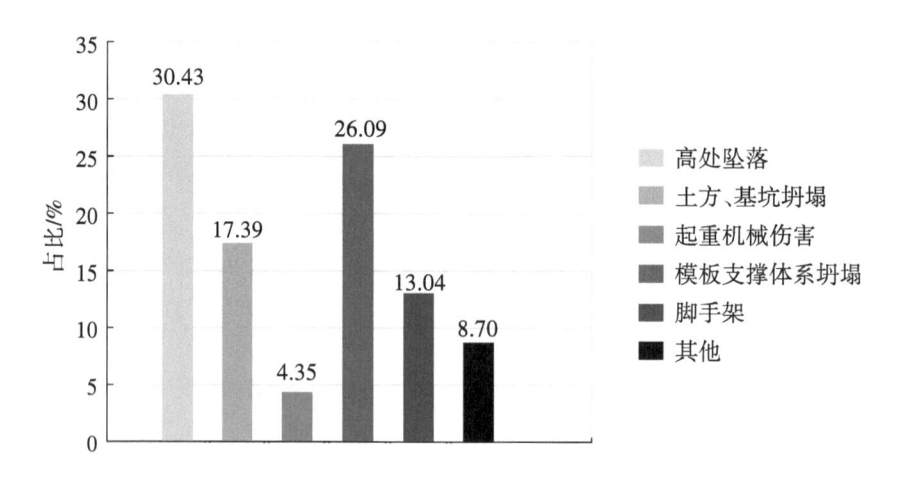

图 1-5  2020 年全国房屋市政工程生产安全较大及以上事故类型情况

2022年11月,余江工业园区虎山片区江西鼎立中天装配式建筑有限公司年产30万吨钢结构工程项目发生一起坍塌事故,造成4人死亡,直接经济损失500余万元;2023年12月,由中国水利水电第五工程局有限公司负责施工的长城路(双华路—大件路)改建工程项目基坑边坡发生坍塌事故,造成3人死亡、1人受伤,直接经济损失499万余元;2024年8月,中铁十六局在位于云南省昆明市寻甸回族彝族自治县境内的渝昆高铁云贵段腊味特大桥架设第9孔梁作业过程中,突然发生架桥机导梁掉落事故,造成6人死亡。近年来,我国建筑行业频发的安全事故引起了广泛关注,凸显了项目安全生产管理的严峻挑战。在建筑工程项目安全生产活动的过程中,业主作为建筑工程"经济链"的引领者和项目的发包方,其地位和作用未能很好地发挥,总承包单位的施工安全管理水平以及监理单位的监督管理水平与建筑业快速、高质量发展和安全生产的需求之间存在显著差距。

根据相关资料分析,结合具体建筑工程实践经验,可以将我国建筑行业安全现状归纳为以下几点。一是复杂多变的生产环境:施工现场多工艺、多工种交叉作业,露天作业、高空作业、地下作业等较多,工程整体安全防护条件差,施工流程机械化程度较低,工人劳动强度大。二是事故成因的复杂性与不确定性:项目易发和多发安全事故类型多,整体安全风险防控难度大。三是安全管理系统的缺失与低效:施工现场安全隐患多,项目参与方较多,管理层次错综复杂,并未能形成协调统一、科学高效的安全管理系统,安全制度不健全,隐患排查整改不到位。四是安全投入与重视程度的不足:建筑项目在工程推进中,整体以工期、质量、成本为主,对于安全投入较少,不够重视,缺乏有效的安全风险防控,进而导致安全经济效益不高。

中国建筑业的产值在逐年增加,项目安全问题却依然频频出现。虽然建筑工程施工阶段安全问题已经成为建筑业研究的重要方向,且多角度、多层次研究的开展、行业报告的形成,为项目安全问题提供了一些对策措施,但是建设项目在各阶段存在的大量不确定因素以及整个过程动态变化的属性增加了管理的复杂性和难度(罗陈,2017)。而由不确定因素引起的风险,正是导致建筑业施工安全事故发生的主要原因。因此,需要有效地管理风险因素,对风险进行预警,降低施工安全事故发生概率,以确保施工正常、有效、安全地进行,降低施工风险安全事故带来的损失。

虽然建筑业的繁荣发展为社会带来了新的机遇,但也隐藏着巨大的风险和问题。工程项目绝不是由单一个体所能完成的,其中涉及多方协作,比如承包单位、设计单位、监理单位等。施工建设是各方共同运作的生产活动,呈现出规模大、功能复杂、主体多元的特点。而现阶段我国项目施工风险管理机制尚不完善,存在识别方式老旧、评价片面、时空局限、行业人员素质不一、风险意识薄弱、应对手段匮乏等问题。除此之外,资金短缺、工程款拖欠、设计变更频繁、材料质量问题频发等众多施工阶段潜在的风险因素,让建筑工程项目施工风险管理难度大大增加。因此,构建精细化的建筑工程项目施工风险管理制度,提升风险管理效能,实现风险全面识别、精准评估与有效控制,成为当前亟须解决的重中之重,对于维护行业的稳定与可持续发展具有不可估量的深远价值。

2.理论背景

随着现代社会的不断发展,人们对建筑物的要求越来越高,建筑物的施工工艺也越来越复杂,这是导致现代建筑业仍是以劳务工人作为第一生产力的主要原因。由于建筑劳务工人精力的有限性和施工工艺复杂程度的提升,施工过程的不确定因素增加,安全事故发生的频率提升,这成为现代建筑项目安全管理的主要难题。对于项目安全管理的研究，国内外的专家学者都进行了深入的理论和实践方面的剖析，如针对施工安全风险事故成因的机理，许多专家学者提出了相应的分析理论：Heinrich通过对施工安全事故的调查研究提出了"理论分析法"，理性并有效地对施工安全事故追本溯源，以期有效管理安全事故的发生(Abdelhamid等，2000)；Akhmad建立了框架式系统对安全事故成因进行分析，即系统理论分析；以及能量转移理论和轨迹交叉事故模型等(李子文等，2009)。

针对项目安全风险事故，国内外学者进行了长期且大量的研究。大多数研究并不能达到对施工现场安全管理进行直接有效指导的目的，且绝大部分研究是关于事故发生后对成因的机理分析，以及预防事故发生的措施。对于安全风险事故预警方面的研究相对较少，最早的相关研究是在20世纪60年代，美国专家在结合危机和风险管理两大理论的基础上提出的，其前期更多地应用于国家安全预警，后来才逐步发展到企业管理当中。虽然我国有关专家学者也采取了一些方法进行项目安全风险预警研究，如神经网络安全状况评价法、灰色理论安全风险事故预测法等，但这些方法大多过于复杂，难以应用到施工现场安全管理中去。

在项目安全风险预警领域，虽然国内外学者已经基于施工安全风险事故成因的机理分析，构建了相对成熟的研究框架和方法论，但将这些研究成果有效转化为实际工程应用中的预警系统，需要深入结合具体施工项目的实际情况与特点。项目安全风险因素极具不确定性，可以大致分为人为风险、材料风险、机械设备风险、管理风险以及环境风险(陶梦婷，2021)。国内外学者针对风险因素进行了识别和评估，传统的安全风险识别方法有层次分析法(AHP)、分解分析法、检查表法、模糊综合评价法、德尔菲法、头脑风暴法、BP神经网络、系统动力学法等,每种方法都有其各自的优劣势所在,这些方法进一步结合模型、指标体系来分析不同因素的权重。项目安全风险预警系统的实际运用是一个复杂而系统的过程,需要综合运用多种研究方法和技术手段,结合具体项目的实际情况,不断优化和完善预警模型与指标体系,才能实现风险的有效识别、评估与预警(张程城,2018)。

随着研究的不断深入,人为风险因素领域的研究对建筑工人安全行为的关注越来越多,这不仅体现了对工人生命安全的重视,也促进了建筑行业安全管理模式的创新和升级。行为科学的引入,特别是心理学、社会学和组织行为学的跨学科应用,为这一领域的研究开辟了更广阔的视野,对建筑工人安全行为背后的复杂动机及其影响机制进行了更全面、详细的分析。在深入探索建筑工人安全行为的过程中,大量的研究集中在影响因素的多个维度上,包括个体层面的认知、情感等心理生理因素,工作环境、组织管理和更广泛的社会环境等方面。这些研究系统地构建了各种因素如何影响安全行为的路径模型,旨在深入分析建筑工人安全行为的形成机制,从而为提高项目安全管理的有效性和针对性提供科学依据。

此前,住房和城乡建设部发布了国家标准《建筑与市政施工现场安全卫生与职业健康通用规范》(以下简称《规范》),标志着中国的项目安全管理和职业健康保护进入了一个新的阶段。《规范》为强制性工程建设规范,要求各单位严格执行全部条文,因此自2023年6月1日正式实施以来,为建筑工地安全筑起了一道坚实的防线。这一举措大大提高了施工现场的安全管理水平,促使企业加大安全生产投入,完善安全防护设施,加强对职工的安全教育和培训,有效降低了安全事故和职业病的发生率,为建筑工人创造了更加安全的工作环境。与此同时,为响应国家这一重要举措,各省市结合地区特点、行业现状和发展需要，纷纷采取行动，制定了更加具体、更具操作性的项目安全管理办法。这些地方管理办法在遵循国家标准的基础上，进一步细化了安全管理职责，强化了监管措施，优化了应急机制。

住房和城乡建设部（2008年国务院机构改革前为建设部）于2003年、2011年和2016年先后发布《2003—2008年全国建筑业信息化发展规划纲要》《2011—2015年建筑业信息化发展纲要》《2016—2020年建筑业信息化发展纲要》，对建筑业信息化发展起到了积极的推动作用。随着大数据、人工智能（AI）等技术的快速发展，项目安全风险预警的研究也出现了新的发展。越来越多的信息化技术被运用到项目上，例如人工智能、物联网（IoT）、区块链、建筑信息建模（BIM）等，推动了技术深度融合与智能化，因而也衍生出"智慧工地"的概念（彭田子，2019）。王清认为智慧工地是指管理人员在施工全过程采用人员实名制匹配、GPS定位等相关信息化技术，精准全面把控施工现场情况，提前预防施工过程中会遇到的问题，做出预警决策并规范化处理。毛志兵从技术层面和管理层面定义智慧工地：技术层面包括将先进的信息化技术落实到施工现场，实现资源利用最优化；管理层面包括应用高度集成的信息管理系统，不断优化管理过程的细节，实现质量、安全、进度等多方面的保障，提高管理效率和决策能力。

建筑行业的特性决定了施工安全将会始终占据着核心关注地位，随着时代的进步和科技的发展，一系列创新理论和科学技术正逐渐同建筑行业融合，落实到施工流程的每一个环节中。国内外学者正积极深化这一领域的研究，致力于探索施工安全事故的成因机理，通过深入剖析，旨在构建一套精准高效的项目安全风险预警与决策系统，识别影响施工安全的关键因素，进而构建科学有效的预警方法与模型，为施工现场的安全管理提供强有力的决策支持。如何把项目安全风险事故消灭在萌芽当中,能够直接高效地指导施工现场的安全管理,减少安全事故的发生,保障劳务工人的生命安全,降低施工安全损失,提高企业的效益水平,是值得深入关注和研究的问题。因此,深入探究并优化项目安全风险预警机制,是建筑行业持续健康发展不可或缺的一环。

## 二、项目安全风险管控的主要问题

如何在项目安全事故发生前就能预警,避免安全事故发生,而不是事后追责,成为当前建筑业安全管理亟待解决的问题之一。根据住房和城乡建设部办公厅《关于2020年房屋市政工程生产安全事故情况的通报》,2020年,全国共发生房屋市政工程生产安全事故689起、死亡794人,比2019年事故起数减少84起、死亡人数减少110人,分别下降10.87%和12.17%,虽然安全事故起数和死亡人数与2019年相比均有所下降,但生产安全形势依然严峻。建筑行业已经成为全球高危行业之一,建筑业施工安全事故发生率紧随安全事故率频发的采矿业之后。项目安全事故频发给企业、家庭,以及国家都带来了巨大的经济损失和负面社会效应。

相关研究发现,我国项目安全事故高发的原因可以大致分为以下四个方面:建筑工人原因、施工企业原因、政府安全管理原因和施工外界环境原因(张静,2016)。根据国家统计局2024年5月1日发布的《2023年农民工监测调查报告》,2023年全国农民工总量29 753万人。六个主要行业中,从事建筑业的农民工占比15.4%,相较于2022年下降了2.3个百分点,减少了644.712万人。目前,我国项目安全还存在以下问题:建筑工人普遍文化水平偏低,大多未接受过正规的专业技能培训,安全意识薄弱,自我保护能力差;

施工企业普遍对项目安全重视程度还不够,存在侥幸心理,一些施工项目的安全生产费用投入标准不达国家要求;项目安全监督管理体系还不完善,职能部门分工有待进一步明确,存在交叉管理、管理流程复杂烦琐等问题;建筑业本身的行业特性决定了建筑项目大都处于室外环境,给建筑项目安全增加了诸多安全隐患,恶劣天气的突发、噪声污染等都会增加施工的危险性。

建筑行业面临着施工环境多变、作业条件复杂、人员流动性大等多重挑战,这些不确定性因素极大地增加了安全事故的发生概率。而传统的安全管理方式往往侧重于事故后的调查与责任追究,这种"亡羊补牢"式的方法虽有其必要性,但在预防和控制事故方面显得力不从心。鉴于项目安全事故的严峻形势及其带来的严重后果,业界迫切需要一种具有前置性、主动性的安全管理策略,即需要构建一套高效、精准的项目安全风险预警系统,以实现对潜在安全风险的早期识别与有效干预。面对施工环境的复杂性、动态性以及产品的大体积性,如何解决建筑业施工安全问题,把安全管理落实到施工现场,提高施工现场安全管理水平,降低施工安全事故发生率,是解决建筑业施工现场安全问题的关键。

针对项目安全所面临的施工环境动态复杂性,建立有针对性的项目安全预警决策系统;研究项目安全风险的主要影响因素,构建项目安全风险预警的分析方法和模型,为施工安全预警决策提供支持;针对问题动态复杂性的现状,运用系统动力学方法进一步对施工安全问题的形成进行梳理,揭示项目安全风险预警问题的运作机理。这一系列举措共同构成了项目安全预警决策系统的核心框架,为提升项目安全管理水平、降低安全事故发生率提供了有力支撑。

## 第二节 项目安全风险管控的目的及目标

### 一、项目安全风险管控的目的

在"双碳"(碳达峰与碳中和)战略与国家高质量发展目标的双重驱动下,建筑业作为国民经济的重要支柱之一,其转型升级与可持续发展路径备受瞩目。项目安全风险预警作为保障工程项目顺利推进、维护作业人员生命安全及减少对环境的负面影响的关键环节,其重要性日益凸显。虽然随着建筑行业不断发展,我国建筑行业体系制度和标准在不断完善,但是企业或项目管理人员的管理能力和学历水平不同,对于项目管理(包括安全管理)的理解和执行力不同,在个人主观(经验和阅历)方面对于安全控制的判断存在差异,如果他们不能够有效且直接地对项目安全风险问题进行准确判定,必然会使得问题不能有效解决,无法防止安全问题或事故的发生。这种非精准化的管理方式,往往难以准确捕捉潜在的安全隐患,从而错失预防和控制安全风险的最佳时机。安全管理作为项目管理的核心环节之一,其有效实施直接关系到项目的顺利进行以及人员的生命财产安全。

对项目施工过程中安全风险事故的研究,成为提升安全管理水平、构建高效预警机制的迫切需求。通过研究识别施工阶段影响安全风险事故发生的关键因素,如人的不安全行为、物的不安全状态、环境的不良影响等,有针对性地采取技术措施来避免这些关键因素的发生,不仅能够有效预防和控制施工安全风险事故的发生,还能在事故发生时迅速响应、妥善处置,最大限度地减少人员伤亡和财产损失,从而达到指导建筑项目安全施工的目的。

为避免施工管理人员的主观因素影响其对安全风险的判断,为能够直接有效地指导项目现场施工，本书不仅定性地分析了影响现场施工安全的因素，还在安全风险管理理论"4M1E"(Man——人，Machine——机器，Material——物，Method——方法，Environments——环境)架构下，引入定性与定量相结合的系统动力学(SD)理论方法和建筑信息模型(BIM)，构建施工安全风险预警决策模型系统模块，包括"4M1E"模块、BIM模块、动力学预警决策仿真模块。以期在"4M1E"提供影响因素的基础指导下，利用BIM信息系统对相关信息进行提取，为施工安全风险预警决策模型提供信息支持；通过基于系统动力学构建的施工安全风险预警决策仿真模型，对项目安全的影响因素进行因果反馈环的图示识别；在此基础上建立施工安全风险预警决策仿真流图，有针对性地对各关键指标进行预测、设定阈值，在超过一定的界限时，反向指导BIM进行各方案以及人员或设备的调整，从而达到现场指导的目的。

由于施工环境多变、工人和设备易受各方面影响而出现较大的工作失误，项目安全风险预警决策系统呈现出复杂性和非线性特征，存在项目安全风险管理过程中预警决策困难等问题。而传统的安全风险评估预测方法大部分以定性分析为主，不能直接用于指导项目安全风险的预警决策分析。系统动力学作为一种研究复杂系统动态行为的理论和方法，在预警和决策领域具有明显的优势。系统动力学可以综合考虑系统中各因素之间的相互作用和反馈机制，通过建立仿真模型来模拟系统的动态变化过程，从而揭示系统中隐藏的规律和趋势。将它应用于项目安全风险管理，可以更全面、更深入地分析项目安全风险的形成和演化机制，为预警决策提供有力支持。在对比分析系统动力学在预警决策的应用优势，并以BIM信息模型及射频识别技术(RFID)技术手段采集原始真实的现场数据后，在模型假设和变量边界确定的基础上,建立以流图为基础的项目安全风险预警仿真系统模型,使用Vensim PLE软件和Netlogo仿真平台对施工安全风险预测及控制优选过程进行仿真,用结果验证施工风险过程,并依据仿真结果对进入BIM模型的施工方案、人员及设备进行调整以指导施工,提高项目安全风险管理效率。

加强项目安全风险预警研究,既是响应"双碳"目标和国家高质量发展目标的实际行动,也是推动建筑业转型升级、实现可持续发展的内在要求。通过不断优化安全管理机制,提高安全管理水平,为建设项目的安全施工提供更加坚实的保障,为构建和谐社会贡献力量。

## 二、项目安全风险管控的目标

在当今复杂多变的项目环境中,安全风险管理已成为确保工程顺利进行、保障人员生命财产安全以及成功实现项目不可或缺的一环。随着科技的不断进步与信息化水平的提升,建筑施工行业正逐步迈向智能化、精细化管理的新阶段。其中,系统架构的优化与创新技术的应用,为项目安全风险管理提供了前所未有的机遇与挑战。在建立起的整个系统架构中,"4M1E"模块、BIM模块、动力学预警决策仿真模块三个模块之间的配合,不仅能够从内部了解施工过程中项目安全风险事故的相关影响因素,而且能够深入了解项目安全风险系统因素之间的相互关联度和系统整体性,并通过有效的技术方案对关键影响因素进行调整,提高施工安全系数,达到预警的目的。加强对项目安全风险管理的分析研究,具有重要指导意义,其目标主要表现为以下几个方面。

### 1.辨别施工安全风险影响因素,确定各风险因素影响程度

施工安全风险管理作为项目管理的核心内容,对项目的影响是深远的。

提高安全风险管理水平、规避安全风险事故必须从安全管理影响的基本因素和理论出发,在安全管理理论"4M1E"的基础上确定影响项目安全的主要影响风险因素,并辨别各风险因素之间的相互作用关系,确定各因素的影响程度,找出影响施工安全风险的关键因素,针对关键因素有效快速地做出反应,把经济损失降到最低。

2. 充分利用BIM,有效提供动态信息

在建立起的BIM中对影响项目施工安全风险的主要因素的相关数据信息进行动态归纳,在预警决策模型超过规定的阈值之后,即时在BIM中调整相应的技术方案、人员和机械设备的配备,并进行方案的模拟,以此来减少安全风险事故的发生。BIM能够实时、动态地归纳并呈现影响施工安全风险的关键因素,包括但不限于地质条件变化反映、结构稳定性评估、施工进度与资源调配冲突反映、恶劣天气预警、人员操作规范执行情况反映及机械设备运行状态监测等。

3. 改善相关研究的缺陷,提高理论指导实践的可行性

大多数的项目安全风险相关研究属于机理分析及定性评价,且多数是事后分析,而项目的不同使得各项目施工的内外环境差异相对较大,因此对于相关研究的评价、策略及建议缺乏实质性指导。另外,由于建造周期长、不确定因素的影响,静态定性指标的应用无法直接反映项目安全风险评定的真实情况,动态定性指标也仅能暂时反映一段时间内的评定。而施工系统动力学预警决策模型能够在BIM中获取动态数据,保证其在任意时刻评定的真实性,同时能够结合定性、定量指标对不同状态下施工安全风险进行更加科学的评定和处理,摆脱仅运用定性指标的主观性。

4.提高项目安全风险事故预警效率,有针对性地控制关键因素

在构建项目安全风险预警决策模型的系统流图后,对相应关键因素的影响进行扩大预测,在超过规定阈值时,能够对相应的方案进行预警,提醒项目安全管理者及时改变施工方案或是进行有针对性的调整。在运行模拟后,该模型能够达到相关利益者的相应要求,不仅能够为企业创收(利益和声誉),而且能够在一定程度上保障项目劳务工人的人身安全。

## 第三节 项目安全风险研究的现状

随着全球城市化进程的加速推进,建筑业作为国民经济的支柱产业之一,其安全生产问题日益凸显,成为社会各界广泛关注的焦点。项目安全不仅关乎从业人员的生命财产安全,也直接影响到工程项目的顺利进行与社会的和谐稳定。近年来,国内外学者围绕项目安全管理领域展开了广泛而深入的研究,旨在通过理论创新与技术应用,提升项目安全管理水平,预防和控制安全事故的发生。本节从六个关键方向综述当前国内外研究现状,以更全面、更精细化地梳理项目安全管理领域的研究进展与趋势。

### 一、国内外项目安全管理研究现状

1.国外项目安全管理研究现状

20世纪,国外的一些知名专家学者就已经在项目安全风险管理方面作出了很大的贡献。20世纪30年代,研究学者Heinirch发表了《工业事故预防》,他以系统的安全管理思想和经验为施工安全事故的预防提供了一定的

知识理论,又提出了事故因果连锁理论,不仅对事故成因进行了分析,而且提到了影响事故发生各因素之间的关系,以及事故与事故之间的关联程度。20世纪70年代,美国职业安全与健康管理局针对事故损失建立了"事故损失模型"。1976年,Levitt和Parker研究了建筑企业的项目最高决策人对项目安全事故的影响,发现如果项目直接负责人能够重视安全风险问题,那么安全风险事故的发生率会大大减小。他们对比了对新劳务人员做正式安全培训和未对新劳务人员做正式安全培训,以及是否要求项目负责人在项目施工前做出详细的安全执行计划,发现两者的事故数量有着较大的差异。1978—1988年,美国项目安全管理专家Hinze就项目安全管理问题做了一系列的研究,包括工人流动率对安全的影响,项目施工现场的工人安全监控能够降低安全事故的发生,以及安全监理人员性格及其与工人的关系都会影响事故率等。

由于国外相关学者的系列研究理论,从20世纪80年代开始,美国开始重视安全问题,这些理论也促进了美国安全管理工作的迅速发展。这些研究包括从行为因素理论分析安全事故的影响因素(Rowlinson等,2000);运用头脑风暴法及风险识别理论研究多因素对施工安全的影响(Sangoub,2003);项目负责人责任制度研究(Akhmad,2001);劳务人员的不安全行为对安全事故的主要影响作用(Bird,1994);监管力度及计划实施情况对大中小型施工项目安全风险的影响(Hinze等,1988);安全意识对施工安全风险的影响(Randall等,1998);等等。

2. 国内项目安全管理研究现状

由于我国安全管理理论发展的时间短,起步较晚,所以安全管理相关研究的深度不够,缺乏系统性。面对施工环境复杂、人员素质相对较低以及工作技能水平不均的项目安全风险管理工作,王坤(2007)通过建立项目安全风险评价模型,比较分析了不同因素对施工安全风险的影响程度;黄世国(2007)利用PDCA施工项目计划规律对降低施工安全风险事故率提出了相应的创新性建议;王颖等(2011)通过研究发现施工安全风险事故的发生,绝大部分是因为人的不安全行为和淡薄的安全意识导致的。

何厚全、成虎等(2013)通过建立网络化项目安全监管模式,不仅理清了网络化管理的内涵,改善了不同安全监督管理单位协同工作情况,而且通过网络技术和网络化管理构建反应机制,对不同安全危险源进行全面的监控管理;王志(2010)运用SMART原则建立了建筑企业安全评价指标,通过构建的评价体系,确定评价指标的权重,对企业安全管理工作进行了量化评定,以达到科学、客观、规范的评价目的;刘霁、李云等(2011)为分析项目安全的影响因素,通过KPI(关键绩效指标)方法在管理、设备、环境以及人的因素等四个维度构建了相应的评价指标,并且结合结构方程模型建立了相应的评价指标模型,通过定量地对建筑企业施工安全风险的评定,确定了各因素对建筑企业安全绩效的影响程度,认为人的行为因素对施工安全的影响最大,其次是管理制度以及环境、设备;王飞、魏国兴等(2011)为了降低安全风险带来的损失,通过有针对性地选取项目安全风险的影响因素,建立了以支持向量机(SVM)为基础的安全风险评价模型,并利用实证研究验证了评价模型的有效性;袁宁、杨立兵(2012)为对项目安全风险状态进行评定,在"4M1E"理论的基础上,构建了用于评价项目安全风险的指标体系,把粗糙集理论和人工神经网络模型进行整合,建立了粗糙集-人工神经网络项目安全风险评价模型,对项目安全风险的状态做出初步判断,并通过实证研究验证了该评价模型的有效性;齐锡晶等(2010)也采用了粗糙集理论对高层项目安全进行了系统的评定,但是,其选择理论方法的单一性限制了评定结果的即时有效性;王根霞等(2015)在基于问卷调查法和因子分析法选定了项目安全风险评价指标,通过三层次的指标分类使之适用于施工现场的安全状态,满足安全风险管理的需求,并在悲观度指数的修正下引入风险偏好信息模型,通过对各评价指标的矩阵运算,确定指标的重要性,以此对项目现场安全风险状态进行评定;刘光忱等(2013)从人员、设备、技术、管理及环境五个方面,以层次分析法为基础,建立项目安全分析的评价指标体系,研究各个指标对安全工程风险的影响程度,此方法能够起到一定的指导作用,但是,由于对指标的选取掺杂着个人主观因素,未能够消除主观因素的影响;成俊伟、王凯全(2009)构建了单体项目安全风险分析模型,确定了项目安全风险影响梯度,划分了建筑区域总风险计算方法,以系统地预测区域内风险分布,有助于风险预防和控制,但其区域的划分过于笼统,致使模型计算精度不高;为提高项目安全风险评估的精准度,杨莉琼等(2013)利用二元决策图(BDD)定量评估了施工风险,预测了风险事件发生的概率、引发事故的关键因素,虽然这提高了风险评估的精准度,但其安全识别执行力度及安全状态识别度并不高。还有一些针对项目安全风险管理的研究,如黄国忠等(2011)建立了欧几里得项目安全风险评价模型、张丽梅等(2011)运用可拓理论建立了项目安全评价及预警模型等。

## 二、国内外项目安全预警研究现状

### 1.国外项目安全预警研究现状

预警的前身来源于军事应用,其主要是指通过一定的信息传输(如预警机、雷达、卫星等),来提前预知、预判并做出相应反应机制的系统(侯茜等,

2013)。在此启示下,国外的企业把预警管理应用到安全风险预警以及财务风险预警当中,但多数研究以实证应用为主(Cristobal等,2009)。

最初,预警管理研究应用于宏观经济的预警监测方面,比较具有代表性的是美国经济学家穆尔提出的扩散指数(Diffusion Index)法,他构建了美国宏观经济预警系统(Hallowell等,2010)。从20世纪60年代开始,预警系统的研究进入了各个领域,而在安全管理预警领域中,比较有代表性的是美国专家Thomas等建立的安全绩效的评价预警系统、澳大利亚学者Mohamed等建立的安全管理体系的预警评价模型。2005年,Jack Shaw认为传统的安全预警管理已不能全面有效地满足项目安全风险的预警工作,必须建立全面、有效、即时的信息预警体系。

2. 国内项目安全预警研究现状

国内学者对预警系统的研究是从20世纪80年代开始的,最初主要是对宏观经济的预警,随后发展到对企业层面的预警。我国的预警研究机制最主要的两个变化在于,一是从点的预警转变为状态的预警,二是从简单的定性分析向定性与定量相结合的方式转变。

我国项目安全预警的研究在21世纪之后才逐渐发展起来。林成(2006)为解决建筑企业生产中的安全问题,在全面了解建筑生产安全的状态及发展趋势后,建立了AHP预警分析模型,期望能够及时分析安全状态情况,发现安全隐患,以制定相应的应对策略。冯利军(2008)在项目安全风险预警方法的基础上,通过分析项目安全风险事故成因,采用神经网络和贝叶斯预警相结合的方法建立了项目安全风险预警模型。王克源(2013)运用灰色综合评价法和预先危险分析法对项目安全风险事故进行了预警研究,并以量化指标得出评定结果,起到了一定的降低安全风险事故的作用。吴贤国等

(2013)通过建立地铁工程施工安全预警系统及评价标准,对地铁工程施工安全的理解更加深入,并得出相应的评价结果和应对策略。顾雷雨等(2014)为研究基坑施工安全风险预警控制,在风险理论的基础上,建立了以概率统计分析方法分析安全风险预警指标与基坑土层变形的概率关系,并给出了预警标准体系,以不同阈值对不同的基坑施工安全风险进行等级划分,分级预警,保证施工安全风险预警的动态性和有效性。类似研究还有很多,如施彬等(2014)基于可拓理论的项目安全预警、常春光等(2014)的模糊综合评判项目安全预警法等。

随着计算机技术的应用与发展,赵平等(2009)在分析"4M1E"的基础上采用多来源信息融合技术的D-S证据理论方法,建立了对不确定因素工程数据的分析模型,以达到判别施工安全风险状态及预警的目的。林陵娜等(2011)通过筛选影响项目安全风险的关键因素,构建了基于系统动力学安全状态识别流图模型,以提高安全状态识别度及执行力度,但其只是从理论上进行了探讨,并未进行实践研究。赵元庆等(2013)采用基于粒子群算法优化的支持向量机方法,以"4M1E"为基础选取了施工安全风险评估的主要影响指标,对施工安全风险状态进行预警。

## 三、国内外项目安全信息技术研究现状

1. 国外项目安全信息技术研究现状

国外建筑行业的信息化程度较高,早在20世纪80年代,美国IntelliCorp公司、PowerUp公司均推出过施工安全管理专家系统。Richard Coble在文献中提出了项目进度计划与安全管理相结合的理论,描述了如何使用软件实现两者的结合,并强调了网络信息的运用。Construction Inspection Guick 和

Safety CPM/NET Works 是两个较成熟的软件,但它们的侧重点较单一。目前,国际上将技术应用于项目安全管理主要有以下几个方面:

(1)机器人在建筑领域的应用。机器人能更高效、更准确地代替人类完成危险工作。

(2)信息系统和网络技术使建筑从业人员的工作发生很大变化。工人脱离繁重危险的工作,管理人员应用项目计划和核算软件大大提高了安全工作的效率。

(3)人工智能和专家系统人工智能思想与网络技术的结合。

(4)BIM 技术在建筑领域的应用。通过 BIM 技术建立项目管理对象的 3D 或 4D 模型,以数字化监控技术对施工现场进行监控,并通过自主识别危险源系统,对施工过程中的危险源进行识别(Singh,2011)。

2.国内项目安全信息技术研究现状

计算机技术在建筑领域逐步得到了广泛的应用,但在项目施工环节或施工安全方面的应用却较少,其更多应用于信息管理、招投标管理、进度管理及成本管理等方面。中建一局集团建设发展有限公司与清华大学土木工程系率先合作开发了"项目安全管理信息系统",并在企业范围内使用,但该管理信息系统基本上还只发挥了报表系统的作用。随着 BIM 的不断发展,它在项目安全领域也得到了相应的应用。任宏(2005)为模拟施工安全方案的有效性和经济性,利用 BIM 技术的虚拟现实系统进行模拟,以确定最优方案的实施。胡振中等(2010)为研究由施工支撑系统倒塌引起的项目安全风险事故,依据支撑体系安全分析理论,结合 4D 技术和 BIM 技术,建立了 4D 施工安全信息模型,通过模型直接、有效、动态地监控施工支撑体系中的安全风险,较为迅速地建立项目支撑体系3D模型,提高了监控动态支撑过程中安全系数的计算精度和效率。张泾杰等(2015)基于BIM和RFID(射频识别)对建筑工人高处坠落事故智能预警系统进行了研究。翟越等(2015)研究了BIM技术在项目安全管理中的应用;基于BIM技术建立施工安全模拟系统,模拟规划项目场地安全的应急安全线路,分析项目过程中4M1E等因素对现场安全状况的影响程度,以BIM安全模拟化系统的可视性对现场施工人员之间进行安全计划沟通。

由于RFID技术在信息捕捉方面的卓越性能,它也成为国内学术界研究的热点,特别是在项目安全领域的应用探索中展现出巨大潜力。陈伟珂等人(2012)聚焦于利用多维关联规则与RFID技术,构建了地铁施工风险的实时动态监测体系,实现了风险源的精准捕捉、远程监控及动态追踪,极大地提升了施工安全的可控性。石东升等(2017)将RFID技术引入建筑工程信息管理领域,旨在开创一种高效、智能的信息管理模式,为建筑行业的信息化转型提供了新的思路。

随着BIM与RFID技术的快速发展与在我国建筑业的应用普及,两者间的集成应用也成为学术界与实践界关注的重点。李天华等(2012)巧妙地将BIM与RFID技术融合,应用于装配式建筑的全生命周期管理,不仅实现了施工过程的实时可视化追踪,还显著增强了风险管理与控制的能力。江帆(2014)通过开发融合BIM与RFID技术的安全管理系统模型,进一步提升了项目的安全管理水平,有效降低了事故风险,展现了信息技术在提升项目安全性与效率方面的巨大潜力。

## 四、国内外项目安全文化研究现状

1.国外项目安全文化研究现状

国外学者对安全文化的研究比较早,安全文化概念最早在1988年成为一项基本管理原则。随着研究的不断深入,专家学者逐渐地将安全文化成果渗透到各个领域中去。Wendy Adie 等(2005)强调工人对安全文化的感知在企业实现事故风险控制流程中发挥的重大作用。Choudhry 等(2007)根据前人对安全文化的相关理论研究,结合实际应用,提到了建筑企业安全文化对员工以及组织在保持健康状态和安全绩效方面的作用。

学者 Benford(2004)利用 Vensim 软件构建了可视化因果关系的系统思维模型,创新性地将系统动力学理论引入建筑领域,旨在深入剖析在复杂多变的建筑施工环境中,安全文化各组成要素之间错综复杂的相互作用关系。Gilkey 等(2011)在针对美国科罗拉多州丹佛市地铁区域住宅建筑项目的研究中,通过对比管理层与作业层的安全文化评估及风险认知情况,得出了结论:管理层展现出更为全面的安全文化素养,且对安全与健康管理方面的承诺感知显著优于作业层。Larsson 等(2008)通过深入而系统的研究,揭示了企业管理者的管理行为与安全文化之间存在紧密联系,研究明确指出,安全行为并非孤立存在的,而是深深植根于企业的管理行为之中。因此,要推动安全文化的蓬勃发展,就必须将焦点放在强化安全管理行为上,通过有效引导并规范员工的安全行为,构建起一个更加安全、健康的工作环境。

2.国内项目安全文化研究现状

相较于欧美等发达国家,我国在企业安全文化领域的探索起步较晚,研究成果的积累与理论创新的步伐稍显滞后。然而,国内学者积极借鉴国际先进理论与经验,紧密结合我国企业的实际情况,将企业安全文化理论体系本土化,有效推动了其在我国企业界的实践应用。2005年,时任国家安全生产监督管理总局局长的李毅中首次提出了安全生产"五要素"的核心理念,这一创新性的框架涵盖了安全文化、安全法制、安全责任、安全科技及安全投入五大关键领域,为当时我国的安全生产工作指明了方向。

在此基础上,李国战等(2009)进一步从安全生产管理的适宜性角度出发,深入剖析了企业安全文化建设的必要性,并针对安全事故的诱因进行了系统分析。他们认为提升安全意识是减少事故的根本,而这一过程的实现离不开安全文化的深厚根基。阮可(2008)针对中国建筑企业的施工安全现状进行了全面审视,深入剖析了施工现场事故频发的根源,并在此基础上提出了构建适应中国建筑企业特色的安全文化框架。还有一些学者针对安全文化这一对象建立起了相关评价指标体系,构建起定量化模型,从各角度帮助分析和评估项目安全文化的建设。

## 五、国内外建筑工人安全行为研究现状

### 1.国外建筑工人安全行为研究现状

安全行为这一概念,其理论根基最早可追溯至国外学术界。20世纪六七十年代起,西方研究者便聚焦于项目安全管理领域,后来逐渐深入到安全行为模式的剖析之中。Cohen等(1984)认为安全行为本质上是"在行动方面遵从企业安全程序",他依据不同的分类维度,将安全行为细分为多个方向。之后,学界的研究开始转向于对安全行为的测量,早期的测量基本是基于事故数据,后来发展为运用指标、量表方法测算,Probst等(2013)另辟蹊径,创新性地构建了"未来安全后果认知度"(CFSC)这一衡量指标,旨在探究员工对潜在安全风险的预见能力如何影响其安全行为,并对其行为结果进行预

测,这为安全管理提供了新的视角与评估工具。

还有一部分学者展开了对建筑工人安全行为影响因素的研究,主要从两个方面进行:一方面是建设项目所提供的社会环境,即外部环境,是工人日常所处的环境状况;另一方面是建筑工人自身的内在环境,比如情绪、心理、身体状态等。Amponsah等(2016)在探讨外部环境对员工安全行为的影响时,发现工作压力是一个不容忽视的负面因素,它容易对员工的安全行为产生消极的制约作用,而管理层的安全承诺在这一过程中扮演了至关重要的角色,它不仅是构建和维持积极安全氛围的关键,还能够在一定程度上缓和工作压力对员工安全行为的负面影响。

2.国内建筑工人安全行为研究现状

从更广泛的视角来看,建筑工人的安全行为范畴还涵盖了所谓的"不安全行为",即那些可能诱发事故的不良人为举动。根据国家标准《企业职工伤亡事故分类》(GB 6441—1986),不安全行为被定义为能造成事故的人为错误,包括操作错误、忽视安全、忽视警告等。当前,行为研究的方法体系主要可以划分为两类:一类是观察法,这一方法侧重于客观地度量,研究者通过直接观察并记录被试者的行为表现,以此构建出客观、可量化的指标体系;另一类是自陈法,它是一种主观性较强的测量手段,依赖于被试者自身的回忆、感受与理解,通过被试者的自我报告来收集数据,进而形成主观性的指标。

居婕等(2013)进一步细化了不安全行为的分类框架,将其区分为内因驱动与外因影响两大类,内因聚焦于建筑工人个体层面,外因则聚焦于外部环境与管理因素。祁神军等(2018)深入剖析了建筑工人不安全行为背后的影响要素及其干预策略,聚焦于从众心理驱动下的建筑工人行为模式,提出了关于此类工人不安全行为形成机制的假设,并特别探讨了安全奖励与安全惩罚两种激励机制如何作用于这一行为模式。叶贵等(2019)将建筑工人在有限理性决策框架下的心理认知过程作为研究基础,在掌握完全信息或面临信息缺失的不同情境下,分析了建筑工人的风险认知敏感度、冒险倾向性以及实际行动执行力等三个核心认知维度对不安全行为的影响作用。

## 六、国内外项目安全政府监管研究现状

### 1. 国外项目安全政府监管研究现状

尽管国际上直接聚焦于项目安全政府监管的专著不太多见,但自20世纪60年代以来,以美国、英国、德国及日本为代表的发达国家,在项目安全领域内展开了广泛而深刻的研究与实践。这些国家通过构建全面的法律体系、优化监管机构设置以及推动技术创新等手段,积极探索降低项目事故率、减轻事故后果的有效途径,形成了一些关于项目安全监管机制的研究成果。

这些研究成果集中体现在三个核心方面,可以阐述为:

(1)项目安全监管的理论基石:它是理解和构建高效监管体系的起点,涵盖了项目安全监管的基本原理、核心概念和理论模型,为监管实践提供了坚实的理论基础和指导框架。

(2)项目安全监管的关键领域和存在的挑战:通过对以往实践的分析,找出当前监管体系的薄弱环节和亟待解决的问题,如监管执法效率、监管资源配置、企业合规等。这些挑战和关键领域是优化监管战略和提高监管效

率的重要切入点。

(3)项目安全监管的具体实施策略和路径:在理论分析和现状评估的基础上,提出加强法规的制定和实施、完善监管技术手段、促进行业自律和责任落实、完善安全保险和培训机制等一系列具有针对性和可操作性的监管策略和路径,旨在全面提高项目安全监管水平和效果。

这些研究成果大多数出自管理人员,不仅丰富了项目安全管理的理论体系,还形成了多样化的安全监管机制实践案例,为全球建筑行业的安全发展提供了宝贵的参考与借鉴。

2. 国内项目安全政府监管研究现状

国内对于项目安全政府监管机制的研究相对较多,分别体现在作用、问题、原因和对策四个方面。在《建筑安全管理》一书中,张仕廉等指出,建筑行业独特的生产特点,决定了其更容易发生安全生产事故,而有效的监管机制是保证各项生产措施安全进行的基本保证,所以原则上必须从政府部门的角度给予更严格的监管。同样地,杨鑫刚等(2021)、庄义勇(2021)的研究也强调了科学构建并有效执行项目安全政府监管机制的重要性。

在项目安全政府监管机制落实的过程中,依旧存在着诸多问题,比如机制运行不畅、监管不到位、监管效能较低(陈宝春等,2018)、职责分工不清、机构设立不合理(朱发国,2019)等。随着建筑行业的蓬勃发展,上述问题愈发凸显,显露出当前监管机制与快速变化的监管形势及严格要求之间的不匹配。杨豪杰(2022)研究指出,部分地区监管机制运行效率低下的问题根源在于缺乏对项目安全政府监管机制的核心作用的充分认知。朱昊(2022)

在进一步深入剖析后,同样认为项目安全政府监管机制所面临的深层次问题在于对监管机制作用的认识不到位。

多位学者就提升项目安全政府监管效能提出了各自的见解,戴孝明(2022)强调了认识监管机制的重要性,明确部门职责与责任分工是关键,他认为建立联合监管机制、改革监管机构设置、加强监管机制建设同样是提升项目安全政府监管效能的解决措施。

## 七、文献评述及研究趋势分析

自20世纪60年代开始,我国有关的专家学者开始了对项目安全风险管理的研究。由于建筑行业本身的复杂性和高风险性,其施工安全直接关系到务工人员的人身安全,社会影响和经济后果均不容忽视,国家对这一领域的相关研究比较重视。

近年来,项目安全风险管理的研究更加注重全面性和系统性。一方面,众多学者从施工组织设计、施工现场管理、施工人员素质、施工材料选择等多个维度对影响项目安全的风险因素进行综合分析,并提出相应的管理策略和控制措施。另一方面,随着科学技术的进步,现代信息技术、物联网、大数据等先进技术已广泛应用于项目安全风险管理领域,实现了对建筑工地安全风险的实时监控、预警和应急响应,显著提高了项目安全管理的效率和水平。截至目前,国内外学者对项目安全风险管理的主要研究角度见表1-1。

表1-1　国内外学者对项目安全风险管理的主要研究角度

| 研究角度 | | | 研究学者 |
|---|---|---|---|
| 施工安全 | 工人行为管理 | 国外 | Hinze,Rowlinson,Bird,Harper等 |
| | 管理者行为 | | Suraji,Levitt,Harper等 |
| | 风险理论 | | Sangoub等 |
| | 监管力度 | | Hinze,Figone等 |
| | 评价管理 | 国内 | 王坤,黄世国,王志,刘霁,李云,王飞,巍国兴,袁宁,杨立兵,王志智,王根霞,张海蛟,刘光忱,黄国忠,张丽梅等 |
| | 行为管理 | | 王颖,何厚全,刘光忱等 |
| | 风险管理 | | 成俊伟,杨莉琼,黄国忠等 |
| 安全预警 | 安全绩效预警评价 | 国外 | Thomas等 |
| | 安全管理预警评价 | | Jung等 |
| | 即时信息安全预警评价 | | Shaw等 |
| | 安全事故成因 | 国内 | 冯利军等 |
| | 安全风险影响因素 | | 林成,吴贤国,常春光,林陵娜,苏振民等 |
| | 信息安全预警 | | 赵平,赵元庆,林陵娜,苏振民等 |
| BIM和RFID应用 | BIM | 国外 | Hinze, Thomas, Jung, Shaw, Jaselskis, Chae, Sattineni,Rueppel等 |
| | RFID机器人 | | |
| | 人工智能 | | |
| | 信息系统和网络技术 | | |
| | BIM工人安全应用 | 国内 | 张泾杰,翟越等 |
| | BIM安全模拟 | | 翟越,胡振中,张建平等 |

续表

| 研究角度 | | | 研究学者 |
|---|---|---|---|
| BIM和RFID应用 | RFID安全监控预警 | 国内 | 陈伟珂等 |
| | BIM和RFID安全预警 | | 郭红领,刘文平,张建平,胡振中等 |
| 安全文化 | 安全文化要素 | 国外 | Benford,Gilkey,Larsson等 |
| | 安全文化评估 | | |
| | 企业管理行为 | | |
| | 安全文化建设 | 国内 | 李国战等 |
| | 评估项目安全文化 | | 阮可等 |
| 工人安全行为 | 安全行为测量 | 国外 | Cohen,Probst,Amponsah等 |
| | 安全行为影响因素 | | |
| | 安全行为研究体系 | 国内 | 陈法等 |
| | 不安全行为分类 | | 居婕等 |
| | 不安全行为影响因素 | | 祁神军,叶贵等 |
| 政府监管 | 安全监管理论 | 国外 | Daniel,Yu,Minhyuk,Pham,Patrick等 |
| | 监管现存问题 | | |
| | 实施策略与路径 | | |
| | 政府监管作用 | 国内 | 张仕廉,杨鑫刚,庄义勇,陈宝春,朱发国等 |
| | 监管问题总结 | | 杨豪杰等 |
| | 问题原因分析 | | 朱昊等 |
| | 解决对策研究 | | 戴孝明等 |
| 其中,属于案例研究的有:Hinze,Bird,王飞,巍国兴,刘光忱,张泾杰,翟越等。 | | | |

首先,国内外项目安全管理研究涵盖了从基础理论到实践应用的广泛议题。学者们不仅深入探讨了安全管理体系的构建与优化,还针对特定类型工程项目(如高层建筑、地下空间、绿色建筑等)提出了有针对性的安全管理策略。同时,对安全管理效能的评估与提升机制的研究也日益受到重视,众多研究力求通过科学的方法论指导实践,实现安全管理的持续改进。

其次,项目安全预警研究正逐步向智能化、集成化方向发展。借助先进的传感器技术、数据分析和挖掘技术,研究人员可以实时监测施工现场的各种安全指标,建立基于大数据的预警模型,实现对安全隐患的准确预测和快速响应。这不仅提高了预警的及时性和准确性,也为安全管理提供了更有力的技术支持。

在项目安全信息技术方面,随着信息技术的快速发展,云计算、物联网、区块链、BIM、RFID等新兴技术逐渐融入项目安全管理领域。这些技术的应用不仅提高了信息处理的效率和安全性,而且加强了安全管理过程的透明性和可追溯性,为建设智能站点、实现智能安全管理提供了可能。

项目安全文化作为软实力的代表,其研究逐渐从理论探讨走向实际应用。学者们开始关注如何将安全文化融入企业的日常管理中,通过培训、宣传、激励机制等手段,提高全体从业人员的安全意识和行为规范。同时,跨文化背景下的安全文化比较研究也越来越多,为国际项目安全合作与交流提供了新的视角。

项目安全行为的研究多关注人的因素。学者们通过行为科学和心理学领域的交叉研究,深入分析了影响从业人员安全行为的内在机制和外部环境,并提出了改善从业人员不安全行为的多种干预措施。这些研究不仅为制定更有效的安全管理体系提供了科学依据,也为提高从业人员的自我保护能力提供了有力支持。

最后,项目安全政府监管作为保障项目安全的重要外部力量,这类研究聚焦于监管模式的创新、政策法规的完善以及监管效能的提升。随着全球治理理念的深入发展,政府、企业、社会等多方共治的监管模式逐渐成为主流。同时,对监管政策科学性、合理性和有效性的评估也成为研究的重点之一。

从表1-1可以看出,对项目安全风险管理的研究相对较多,不同专家学者从不同角度利用不同的方法对项目安全风险管理作出了很大的贡献。首先是对项目安全影响因素及其机理形成的研究进行了比较深入和多角度、多维度的考虑,为今后的研究提供了研究基础和方向;其次采用了不同方法的定性评价有助于管理者把握项目安全风险的关键因素。然而,虽然前人的研究成果不容忽视,但仍有待完善之处。首先,对项目安全风险预警的综合性研究相对较少,即使存在,大部分也仅是定性研究,很少给出定量描述或分析,使得其应用性相对较低;其次,国内外相关研究大多缺乏系统视角,因素考虑不够全面,本书基于此,利用系统动力学结合BIM等信息技术在这方面进行创新。

前人在项目安全风险评估和预测方面已取得阶段性的成果,但在项目安全预警管理方面的研究还相对较少。在复杂多变的施工环境中,项目安全风险事件的发生是一个复杂的过程,特别是各风险因子与关键因素之间的定量分析,因缺乏实地真实的原始数据及各因素之间的非线性关系,常规的层次结构和预测评估难以精准地描述和论证。而系统动力学作为复杂系统的研究方法,其强大的关系描述、预测分析评估和政策调控等功能体系为项目安全风险预警决策提供了一个有效的分析工具。

## 第四节 项目安全风险研究的框架及主要方法

### 一、项目安全风险研究的框架

通过对国内外研究现状的评述和分析,项目安全管理研究主要可以分为项目安全风险管理研究、项目安全信息管理研究、项目安全预警管理研究、项目安全文化研究、建筑工人安全行为研究和项目安全政府监管研究。项目安全风险管理研究的本质在于预测和规避安全事件;项目安全信息管理研究的目的在于通过大数据和技术手段预防安全事件发生;项目安全预警管理研究的最终目的是对安全事件进行事前控制;项目安全文化研究、建筑工人安全行为研究和项目安全政府监管研究的本质比较一致,强调保障施工安全、提升安全管理水平、促进可持续发展和实现社会和谐稳定,与前三个研究方向有所区别。但这些研究的最终目的都是相同的,研究重点依旧聚焦于项目安全的实现,只是通过不同的方法或手段来达到目标。本书结合多方优势,利用项目安全信息管理手段提供项目安全风险管理基本信息,通过预警机制达到减少安全风险事件发生的决策目的。

本书在项目安全风险管理基础理论的支持下,在识别项目安全风险管理影响因素的基础上,建立影响因素的BIM,利用BIM收集整理项目安全风险影响因素的施工动态信息,获得即时动态的有效信息,为项目安全风险预警决策模型提供源数据支持,以期达到预防项目安全风险事故发生的目的。主要研究内容如下:

(1)项目安全风险预警决策系统机理分析。

为对项目安全施工安全风险进行有效的决策分析,建立以"4M1E"理论基础模块、BIM信息处理模块、系统动力学预警决策模块为基础的项目安全风险预警决策系统架构,从整体上把握项目安全风险预警决策的可行性、合理性,以期能够弥补或弱化前人研究的不足,降低项目安全风险事故发生的概率。

(2)项目安全风险预警决策影响因素识别。

在项目安全风险管理的"4M1E"理论基础上,借鉴相关文献研究,构建项目安全风险影响因素识别体系,并建立项目安全风险预警决策因果反馈环,从内部了解各影响因素之间的非线性影响机制,借助该因果反馈环,有针对性地提出影响项目安全风险的各关键影响因素,并为BIM的收集提供方向,以便于利用BIM整理收集有关数据,分析关键影响因素信息,使得在对项目安全风险进行预警之后能够及时有效地控制项目安全风险事故的发生。

(3)基于BIM和RFID的项目安全风险因素信息模型构建。

在提供了关键影响因素后,借助有关的安全信息管理技术方法,对关键影响因素进行信息收集、整理和处理,将其处理为整个系统或架构能够识别且能够预警的信息形式,为整体的预警决策系统提供实时、动态、有效的数据基础。

(4)项目安全风险预警决策模型的建立与实证研究。

有了理论基础和数据支持后,在项目安全预警决策因果反馈环的基础上,提出假设,建立项目安全风险预警决策模型流图,合理构建相关项目安全影响因素之间的函数方程式,对一定的状态变量进行赋值。结合广州市某工地施工的实时数据,对该项目的施工安全风险进行预警决策。

研究框架如图1-6所示。

```
┌─────────────────────────────────────────────────────────────────┐
│                     第1章  导论                                  │
│   ┌──────────────────────┐    ┌──────────────────────┐          │
│   │  研究背景及问题的提出 │    │  国内外研究现状及评述 │          │
│   └──────────────────────┘    └──────────────────────┘          │
│   ┌──────────────────────┐    ┌──────────────────────┐          │
│   │   研究目的及意义      │    │  研究的框架及主要方法 │          │
│   └──────────────────────┘    └──────────────────────┘          │
└─────────────────────────────────────────────────────────────────┘
                              ↓
┌─────────────────────────────────────────────────────────────────┐
│          第2章  项目安全风险预警决策机理分析                     │
│         ┌────────────────────────────────────┐                  │
│         │    项目安全风险概念及相关界定       │                  │
│         └────────────────────────────────────┘                  │
│         ┌────────────────────────────────────┐                  │
│         │  项目安全风险预警决策系统分析       │                  │
│         └────────────────────────────────────┘                  │
│         ┌────────────────────────────────────┐                  │
│         │  项目安全风险预警决策系统构建       │                  │
│         └────────────────────────────────────┘                  │
└─────────────────────────────────────────────────────────────────┘
                              ↓
┌─────────────────────────────────────────────────────────────────┐
│          第3章  项目安全风险预警决策影响因素                     │
│         ┌────────────────────────────────────┐                  │
│         │    项目安全风险管理理论剖析         │                  │
│         └────────────────────────────────────┘                  │
│         ┌────────────────────────────────────┐                  │
│         │ 影响项目安全风险4M1E因素因果关系模型│                  │
│         └────────────────────────────────────┘                  │
│         ┌────────────────────────────────────┐                  │
│         │  影响项目安全风险关键因素分析       │                  │
│         └────────────────────────────────────┘                  │
└─────────────────────────────────────────────────────────────────┘
                              ↓
┌ ─ ─ ─ ─ ─ ─ ─ ─ ─ ─ ─ ─ ─ ─ ─ ─ ─ ─ ─ ─ ─ ─ ─ ─ ─ ─ ─ ─ ─ ─ ─ ┐
│        第5章  项目安全风险预警决策模型构建                       │
│        ┌────────────────────────────────────┐                   │
│        │   项目安全风险预警决策流图构建      │                   │
│        └────────────────────────────────────┘                   │
│  第4章  项目安全风险预警信息模型构建                             │
│        ┌────────────────────────────────────┐                   │
│        │       信息模型构建的方法应用        │                   │
│        └────────────────────────────────────┘                   │
│        ┌────────────────────────────────────┐                   │
│        │      BIM和RFID信息技术应用          │                   │
│        └────────────────────────────────────┘                   │
│        ┌────────────────────────────────────┐                   │
│        │    基于BIM和RFID的信息模块构建      │                   │
│        └────────────────────────────────────┘                   │
│        ┌────────────────────────────────────┐                   │
│        │   项目安全风险影响因素非线性关系构建│                   │
│        └────────────────────────────────────┘                   │
│        ┌────────────────────────────────────┐                   │
│        │项目安全风险预警决策模型影响因素参数赋值│                │
│        └────────────────────────────────────┘                   │
│                  ┌──────────────┐                               │
│                  │   实证仿真    │                               │
│                  └──────────────┘                               │
└ ─ ─ ─ ─ ─ ─ ─ ─ ─ ─ ─ ─ ─ ─ ─ ─ ─ ─ ─ ─ ─ ─ ─ ─ ─ ─ ─ ─ ─ ─ ─ ┘
┌─────────────────────────────────────────────────────────────────┐
│                   第6章  结论与展望                              │
│   ┌────────┐       ┌────────┐              ┌────────┐           │
│   │  总结  │       │  结论  │              │  建议  │           │
│   └────────┘       └────────┘              └────────┘           │
│              ┌──────────────────────┐                           │
│              │        展望          │                           │
│              └──────────────────────┘                           │
└─────────────────────────────────────────────────────────────────┘
```

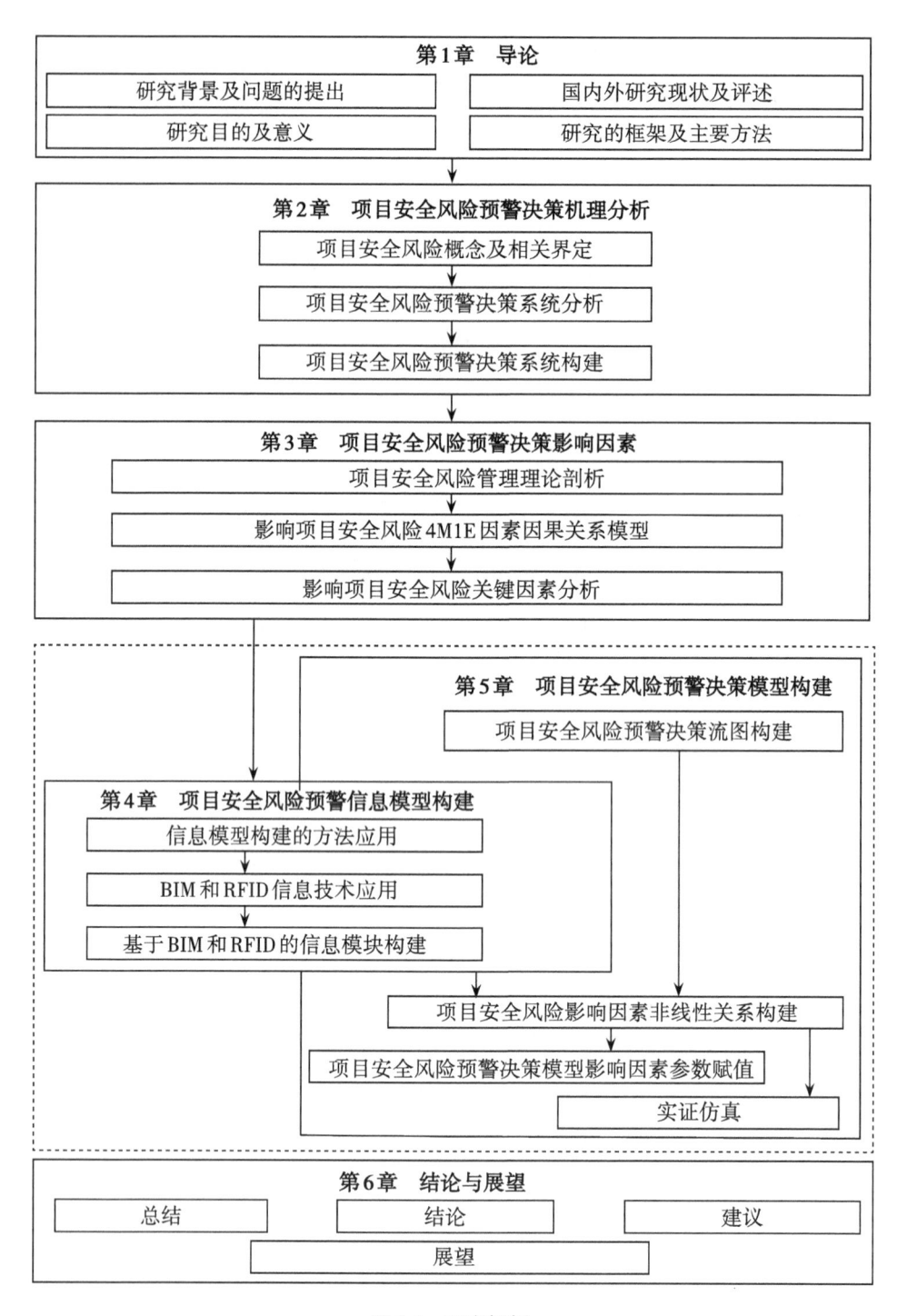

图1-6  研究框架

## 二、项目安全风险主要研究方法

本书以全面、科学和可操作为原则,积极吸收其他领域的研究成果,采取定量分析与定性分析、理论研究与实证研究相结合的方法,综合运用项目安全风险管理理论、系统动力学、BIM技术等多学科的知识,进行项目安全风险预警决策方面的研究,技术路线如图1-7所示,主要研究方法如下:

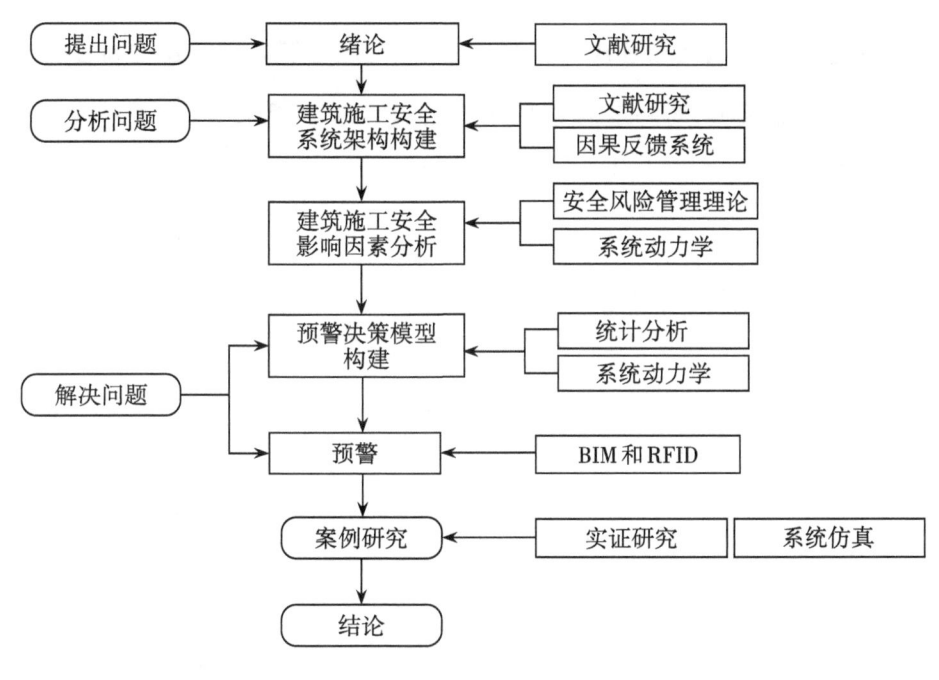

图1-7 技术路线

(1)文献研究。

通过对国内外研究文献的分析,提出本文的研究问题;采用文献研究和归纳演绎的方法,对项目安全管理问题、安全管理影响因素、安全预警影响因素等形成初步的认识,确定解决研究问题的理论、方法和技术路线。

(2)BIM和RFID技术方法。

通过对项目安全风险管理理论的深入研究,剖析影响项目安全风险的诸多因素,通过RFID技术有针对性地提取影响因素相关信息,形成预警决策BIM系统。

(3)统计学技术与方法。

依据安全风险管理理论总结出的影响项目安全风险的因素,对影响因素的相关数据进行整理和运用,为预警决策模型提供数据支持。

(4)系统动力学方法。

在整体的理论架构和决策体系架构下,利用系统动力学建立项目安全风险预警决策模型,对一定情境下的施工阶段进行预警模拟,实现对项目安全风险的事前控制。

# 第二章　项目安全风险预警决策机理分析

## 第一节　项目安全风险预警决策系统的相关概念界定

### 一、项目安全风险

1. 风险

风险(risk)一词起源于意大利的航海术语,早期人们将其狭义地定义为"航海时遭遇危险或触礁",应用范围局限于航海业。随着学者对风险的不断研究和词义的发展,风险一词已被广泛应用于建筑工程、经济学、社会学等多个研究领域,但是风险的概念并没有统一、明确、具体的定义。不同专家学者在不同领域及研究环境中对风险一词有不同的解释,正是由于这些专家学者的不同理解,才奠定了风险理论的发展。

1895年,海恩斯在《经济中的风险》一书中最早提出了风险的概念,他认为对风险评比的标准应该是损失的可能性概率,他强调风险在经济学甚至是其他学科中不存在任何技术上的内容,指的就是在偶然因素(风险性质)下的某种行为对事物造成了一定程度的伤害(风险程度),而由于造成不同程度伤害的行为的不确定性,反映了风险的负担。

美国学者威利特认为风险是不确定因素影响不愿发生的不利事件的客观体现,他明确地提出了不确定性与风险的联系,以及风险的不确定性、客观性和不利性。威廉姆斯与海因斯将风险定义为一定条件和时间下,未来可能发生结果之间的差异性,他们以差异性的大小来衡量风险大小,用变异系数和标准差来分别描述期望值不同和相同状态下的两种情况。

中国台湾学者宋明哲在对风险的研究中明确地把风险划分为两大类,即主观风险和客观风险。他认为主观风险造成的损失和不确定是人为描述的,而客观风险是可以用客观尺度衡量的客观存在。

通过相关文献查阅,笔者发现不同学者虽对风险的定义持有不同见解,但不难发现,这些定义中的特定要素,大致分为以下九类:事件发生的概率和结果的严重性;损失发生的可能性;不期望发生事件的概率;期望损失;事件本身及其可能发生的结果;严重程度;主观不确定性;客观不确定性;不确定性对目标的影响。对这些特定要素进行总结后发现一个相对有共性的观点,即不确定性是组成风险定义的重要因素。

根据国内外专家学者对风险的描述,可以认为风险是没有绝对客观、主观存在的,是与所处环境密切关联的,由不确定性因素影响导致不利事件发生的概率,且具有客观性、不确定性、主体差异性及二重性。在风险管理中,人的主观因素(经验、知识、技能)起着重要作用,但人可以利用科学方法度量和预测风险。

风险管理是"风险"和"管理"相结合所形成的概念,既然社会环境中有风险存在,那么就需要对应的风险管理来降低这种不确定性事件所带来的负面影响。风险管理最早起源于美国,1930年,美国宾夕法尼亚大学的Solomon Schbner博士在美国管理协会(AMA)的一次保险议题研讨会上首次提出了这一概念。到了1975年,美国保险管理协会(ASIM)更名为风险与保险管理协会(RIMS),随后推出了《风险管理》期刊,这标志着风险管理正式从传统保险范畴向现代管理体系转变(玉树伟等,2013)。后来,风险管理作为一门独立的管理学科得到了深入的研究,其中,土木建筑行业这一领域的风险管理研究占据了主要地位。

2.项目安全风险

传统意义上的安全(safety)是指在生产中没有人员伤亡事故,没有物资设备损失(隋鹏程等,2008)。而国家的项目安全管理体系文件,在对项目安全风险进行描述时,常常与危险(产生损失可能性的征兆)和隐患(能够直接、间接导致人的伤害和物的损失的不规范行为或状态)相关联。危险是风险的先决条件,而风险则是对危险的状态表征,即风险反映危险状态,无危险就无风险。

从"4M1E"(人、机器、物、方法、环境)的角度出发,项目安全风险可以重新组织为以下五个方面:

(1)人员安全风险。

由于独特的工作环境,项目现场存在诸多复杂、多变且具备挑战性的问题,潜在的安全风险对项目施工人员来说是一次严峻的考验。例如:高空作业的工人会面临坠落的重大风险;如若重型机械设备操作不当,会导致比较严重的人身安全意外伤害事故;电气安装过程中稍有疏忽,就可能会导致电击事故的发生;建筑材料在运输、切割的过程中,也可能会因为意外发生安全事故。除此之外,项目施工现场的环境同样会给施工人员带来安全风险,如长期接触噪声、灰尘和有害化学物品等,可能导致工人的听力逐渐衰退、呼吸系统受损以及皮肤疾病的发生等，构成了不容忽视的职业病风险。更严重的是施工现场的高强度工作压力容易影响工人的心理健康，而这往往是工人们容易忽视的问题。

(2)机械与设备安全风险。

机械设备的使用在建筑工程的施工流程中充当着不可缺失的角色，它们的高效运转决定着一个项目工程的顺利、高效率进行。然而，其背后存在的安全风险值得项目管理人员高度警觉，给予足够的重视并提前做好相对应的风险预防措施。比如，一旦设备出现故障，可能会引发一系列严重的事故，出现起重设备的倒塌等情况，这不仅可能导致重大的人员伤亡，还可能因此造成重大的经济损失。操作人员的技能水平与培训情况同样关键，只有其操作技能达到了要求，才能确保机械设备在运行过程中符合安全标准。除此之外，机械设备在持续、高强度作业的情况下，还需及时和适当地进行检查维护，才能保证其磨损程度得到控制，以免发生故障，从而避免一些安全隐患。这些因素的共同作用增加了机械与设备的操作难度，同时也增加了安全风险。

(3)材料安全风险。

建筑工程施工过程中，材料作为最主要的消耗品，它所蕴含的安全风险同样值得关注。其安全风险可以与材料的质量问题、储存、运输、使用方式联系起来(刘朋，2023)。不符合工程施工标准的混凝土、钢筋材料或易腐蚀的金属构件等劣质材料，可能会导致后期结构承载力不足，增加了建筑物投入使用后出现倒塌事故的风险。近年来，这类因工程质量不过关所导致的安全事故频频发生。除质量问题，材料的储存、运输、使用方式都有可能引发安全事故，例如易燃材料的不安全储存、化学物品的不当储存导致的泄漏、材料运输过程中的意外坠落等。同时，材料应当被合理、正确地使用，如果安装方法不正确或者人员不遵守操作规程，可能导致材料结构不稳定，造成人员伤亡和财产损失。

(4) 环境安全风险。

建筑工程建设领域中，环境安全风险是至关重要的，它通常源自自然环境的不确定性以及施工现场的内在特性。极端天气现象如突如其来的暴雨、破坏性的台风、酷寒或灼热的气温，都可能给施工现场带来洪水灾害、设备损毁或对工人健康构成威胁(黄烨，2023)。此外，地震、洪水或山体滑坡等自然灾害，也可能对施工区域造成严重破坏，危及工作人员的安全，妨碍工程的顺利进行。施工现场地质的不稳定性、错综复杂的地下管线和多变的地形条件，可能引发地面塌陷、结构坍塌或对地下设施造成意外的破坏。

(5) 安全风险管理。

由于涉及施工管理、人员协调和安全政策执行等多个方面，项目安全风险管理复杂而又关键。这些安全风险往往来源于项目规划和执行过程中的缺陷，比如前期的风险评估不足、安全责任分配不够明确以及资源分配不均等。项目管理中可能存在的沟通障碍也是风险的重要来源之一，这有可能会导致工人对安全规则和程序的理解不够，从而大大增加事故发生的可能性。另外，如果出现安全规章制度执行得不够充分，或者是安全监督检查不够有力，也可能导致安全风险和事故的发生(钱生巍等，2024)。

现代系统科学安全风险理论认为：系统的风险只能控制在一定可接受的范围内(即视为安全)，而完全地消灭系统风险是不可能的。通常以风险的大小来表示系统的安全程度，风险值越大则代表系统安全状态越差、越不安全，反之系统越安全。可以简单地用线性关系来描述安全($S$)与风险($R$)

之间的关系:$S=1-R$。其中,$S$和$R$在$(0,1)$区间内变化。依据风险的叙述定义:$R=f(P,C)$。其中,$P$为风险发生的概率,$C$为影响严重程度。该定义不仅表示了未来将要发生的概率$P$,也表示了已经发生的影响程度$C$。而从系统全局角度出发,风险是作为系统危险影响因素的函数,即:$R=f(R_h, R_d, R_e, R_m, R_o)$。其中,$R_h, R_d, R_e, R_m, R_o$分别代表为人、机、环境、管理及其他因素。

我们可以界定项目安全风险为在项目施工阶段,由于内外部各相关因素相互影响,在一定条件下,能够造成人员伤亡和物质损失的危险与隐患的概率和程度。

## 二、项目安全风险预警决策

### 1. 预警

预警管理起源于危机管理(基特,2001)。而危机管理是为应对危机发生而建立的学科,危机具有不确定性、突发性及损失巨大性,在不确定因素的影响下,危机可能会出现在任意一点从而影响全局所有节点,所以危机是必须应对和管理的必要方面(董传仪,2007)。在项目层面,在当前建筑行业高质量生产力发展的背景下,项目规模和复杂度的与日俱增无疑带来了更多的危机风险。在建筑工程项目中,危机管理的重要性不言而喻。它不仅能够预防和控制潜在风险,还能在面对突发性事件时,确保项目能够迅速而有效地应对。

危机管理能够在以下三个方面带来正向的收益:

(1)安全。

项目的首要责任应当是确保人身及财产安全。国家制定了严格的安全法规及相关条例,以此来保证建筑工程施工流程中每一个环节的作业都符合安全法规,从而避免一些因操作不当造成的安全事故。针对施工现场的安全,一般有三个措施来维护:一是在施工现场引入持续的实时监测技术,并制定相关的风险评估规范,以帮助管理者及时发现和解决可能存在的安全风险;二是要求管理者定期进行安全检查,及时辨别技术系统难以发现的问题,以确保所有安全措施切实有效地执行;三是制定相应的应急方案,组织人员进行演习,以保证在紧急情况发生时,现场人员能迅速有效地作出反应。除上述内容外,危机管理还着重强调事后的总结和应急反应,通过对事故影响的快速有效分析,可以最大限度地减少各方面的损失,从而不断提高项目整体的安全水平。这些综合措施的共同作用,为建设项目营造了更加安全的施工环境,保护了工程人员的生命安全和财产安全。

(2)节约。

建筑工程项目的特点在于其体量庞大、运行周期长、内容较为复杂,且整个过程容易受多种因素的影响,这样一来,项目的资源浪费以及成本增加等问题就会频发。危机管理在这方面同样可以发挥一定的作用:通过严格的材料管理和控制,项目安排材料员和造价员对每日进出场的材料进行管控检查,以减少施工过程中不必要的资源浪费;在项目开始前对风险进行预防、综合评估和规划,根据实际情况制定合理的施工计划,以避免一些不合理计划所造成的成本增加;根据实时的监测和反馈,在施工过程中直截了当地体现资源的使用情况,以帮助管理者及时地发现和解决问题,更好地制定下一步决策;经常性的培训可以帮助施工团队形成一定的危机意识,提高对潜在危机的快速反应能力和资源分配能力,从而有效减少损失。

(3)效率。

危机管理除了在安全和节约两方面发挥作用之外,还可以帮助施工团队提高施工的效率。管理人员可以通过危机管理的实施,提前预测和应对潜在的风险,避免因为工程变更或者工期延误而产生不必要的成本,工程变更或者工期延误都会影响到整个施工项目工作的进程(彭宗师,2024)。危机管理可以促进项目更加有效地规划和组织,从而确保整体资源的合理分配和利用。除此之外,在危机管理过程中,管理人员还可以发现施工流程中表现出的不足,以此来优化工作流程和提升作业人员的技能,从而提高项目施工的效率,降低不必要的成本消耗。危机管理还能让管理者发现不同作业团队之间的合作情况,让团队能够及时、有效、共同应对突发问题,以达到减少内部冲突和降低沟通障碍成本的目的。

但是,多数危机管理属于事后管理,这成为危机管理的弱点,而随着人们对问题和学科的不断思考,研究逐渐从事后管理向事前管理转变,其中发展出对系统运作过程中可能产生的风险的管理,即风险管理。由于危机管理的事后性及风险管理的事中控制都不能全过程和全方位地对安全风险进行控制,后发展出预警管理,即从系统不确定性环境和事件发展源头,对传导路径及影响范围进行科学、有效的针对性管理,在预警管理的前提下再进行风险和危机管理,形成系统性的组织管理形式。

在建筑项目管理的实践过程中,构建并运行预警体系是确保项目顺利实施的关键一步。构建并运行预警体系一般包括两个环节,也就是预警分析与预警管理。风险评估工作往往会在预警分析环节进行,它基于科学方法来精准捕捉并量化那些可能对项目安全构成威胁的潜在风险因素,并对其影响程度加以评估,将整个环节落实到安全监控数据上。预警分析可以分为三个阶段:一是安全检测阶段,使用不同的检测方法收集数据,即利用多样化的技术手段与工具收集海量的各类与项目安全相关的数据;二是风险识别阶段,从数据中辨识出可能演化为实际风险的潜在因素;三是风险诊断阶段,通过深入剖析已识别的风险,不仅评估其性质、影响范围及严重程度,还深入挖掘风险背后的影响机理,从而让管理者能够充分认识到项目潜在的安全风险问题,为制定相关预警决策提供有效的数据支撑。

预警管理则是在预警分析的基础上进行的,它管理警报并且能够采取有效的措施预防和消除潜在的安全威胁(傅黎明,2021)。预警管理这一过程会涉及多个方面:一是准备管理组织,以确保安全管理任务得到有效执行;二是日常监测,即通过持续的监测活动来预防事故的发生,保障项目的顺利进行;三是事故管理,即在事故发生时能够迅速且合理地做出反应,这是将风险降低至最低程度的关键环节。通过实施这些措施,我们不仅尽可能地确保了建筑工人的安全,还确保了项目的持续推进,从而实现项目的整体成功。

2. 决策

1968年,Howard指出决策是为解决某一问题提出所有解决方案及备选方案的选择与决断的过程。随着现代社会科学技术的不断发展,决策的手段与分析技术也不断更新升级,从运筹学的最优方案程序化决策,到启发式问题解决方案的非程序化决策,并且随着计算机技术的应用普及与人工智能的飞速发展,决策理论的内涵得到了人工神经网络、进化算法、粗糙集与物元分析理论的填充,有了长足的进步。

预警决策利用现代决策技术方法,对不同阶段的风险进行监控并进行最优方案的选择,它包括预警信号的判断与预控两个阶段(为提高预警决策的有效性和准确度)。其中,智能预警系统是预警决策过程中的一个重要工具,它通过对海量数据的全面采集与精细分析,构建出高效、精准的预测模型,从而有效预测建筑物建设中的潜在风险。数据的分析和建模决定着该系统的精细程度，智能预警系统结合现有理论知识，利用先进的算法和统计方法，录入建筑结构施工过程中的各种参数和指标，系统、准确地评估风险。这样的智能预警系统可以帮助施工人员或管理人员提前发现问题，并采取预防措施，来确保项目的安全顺利推进，减少意外的损失。智能预警系统在建筑行业的应用，标志着建筑业风险管理开启了新的发展模式，通过风险评估和预测方法，可以为预警决策提供有效性高、精准度高的数据支撑，以降低风险发生的可能性，确保施工安全。

在BIM技术的支持下，智能预警系统可以将三维模型结合起来进行可视化分析，这能帮助建设单位很好地了解复杂风险的转化过程，从而推断潜在的风险链。例如，通过三维模拟，可以预测设备损坏对周围区域的影响，或者在发生火灾时模拟烟雾扩散路径，为疏散和救援提供科学依据。历史数据分析有助于建设单位了解风险发生的周期性规律和特殊模式；实时数据分析的重点是及时发现和预警突发风险。

然而，智能预警系统也并非毫无弊端。在面对数据收集和处理时，智能预警系统必须对海量数据进行清洗和筛选，只有高质量的数据才能有效支持风险预测和分析；不同项目之间存在的差异性意味着智能预警系统需要结合实际情况建立个性化的数据模型和风险预测方法，才能实现更准确的风险管理（康镓铄，2024），这就需要管理人员具备不同条件下的相关经验和知识，来适应这种差异性。

通过对预警决策的描述，我们可以界定项目安全风险预警决策为有效、准确地预警项目安全风险事件，根据不同施工阶段预警分析及优化选择任务的不同，对影响项目安全风险预警的相关因素进行分析，利用现代决策方法对需要判断、优化的阶段进行优化处理的过程。

### 三、项目安全风险预警决策系统

系统一词源于希腊语,是指由部分构成的整体。而现代科学理论认为系统是指由若干相应要素以某种特定的结构形式相互联结构成的具有某一功能的完整有机整体(冯硕,2010)。其定义包含了四个重要的词:系统、要素、结构、功能。可以看出,系统是对要素与要素、要素与系统、系统与环境三个相互关联的整体的有机性描述。

系统的核心是整体性概念,即我们可以把世界上任何事物或问题看作一个系统,换言之,人们可以把任何事物或问题的研究和处理对象都可以看作一个系统,分析系统的结构和功能,并研究系统、要素与环境三者之间的关系及其相互影响的变动规律,以优化系统的角度看问题。

项目安全风险预警决策系统的概念还没有确切的定论,但我们依据研究内容和有关文献描述,可以界定项目安全风险预警决策系统是指在对项目安全风险影响因素(Man——人,Machine——机器,Material——物,Method——方法,Environments——环境,即"4M1E")进行分析后,通过建立各影响因素之间的因果关系,使之构成有机整体,并对相应阶段的相关因素相互影响的函数及数据进行收集整理,在有机整体和数据分析的基础上建立项目安全风险预警决策系统模型,对各阶段的项目安全风险问题进行优化处理的有机系统。

基于数据层面的风险信息分析和处理是项目安全风险预警决策系统的核心。该系统使用预先设定的算法快速过滤和初步分析收到的信息,从而识别可能的风险点,这些算法必须根据设备温度异常上升的阈值等实际运行条件进行定制(康镓铄,2024)。项目安全风险预警决策系统的建设需要结合多个领域的相关知识和技术,比如建筑工程、安全工程、信息技术等,是一个跨学科、复杂的高要求项目,目的是建立一个实时监测、准确预警和有效应对安全风险的智能系统(梁静,2024)。在这个过程中,首先要明确系统的功能和目标,根据具体项目来深入分析施工特点,总结项目安全事故的常见故障和后果,以确定适当的预警指标和阈值来明确预警的安全风险类型、预警的准确性和及时性。这离不开信息技术的支持,选择合适的技术和工具可以提高项目安全风险预警决策系统的准确度,包括传感器技术、数据采集和处理技术、风险评估和预警算法、可视化显示技术等。项目安全风险预警决策系统中的实时监测功能就需要利用传感器技术掌握机械设备的状态和环境参数等;数据采集和处理技术负责清理、筛选、集成和存储收集的数据,提高数据的有效性;风险评估和预警算法是根据前两种技术的结构来制定决策的,利用这些监测数据来计算风险值,并判断是否有必要发出预警;可视化显示技术以直观的方式向用户进一步显示监测数据和预警信息,提高用户对信息的理解,比如一些数据平台的构建。

项目安全风险预警决策系统从构建到落实,还需要经过完整的测试过程,包括功能测试、性能测试和稳定性测试等,来检测系统的处理速度和响应时间,以及在持续运行和面临异常情况时的稳定性和可靠性。通过这些综合测试步骤,可以确保项目安全风险预警决策系统不仅有效,而且实用,为项目施工安全提供强有力的技术支持。

## 第二节 项目安全风险预警决策系统分析

为了识别项目各阶段的各种安全风险,并能够预测和评估安全风险活动在一定情景下事件发生特征的内在规律,项目安全风险预警决策系统首先利用预测技术对一定情景下安全风险特定事件(特定环境下的动态事件)的类型、特征和性质进行监控,并通过关键风险事件的历史统计数据对风险事件进行状态描述,以及时预警风险事件,通过预警信息对风险事件进行评估(当关键评价指标阈值超过安全阈值状态时会给出预警),以此通过各要素之间相互作用机理、方法体系、工作流程和运作模式等关键信息及事件的梳理,利用预警决策系统对决策过程任务和路径进行优化。通过对项目安全风险预警决策系统的具体描述,可以看出预警决策系统并不是独立存在的,它是与情景、评估和预测紧密结合的方法应用,如图2-1所示。

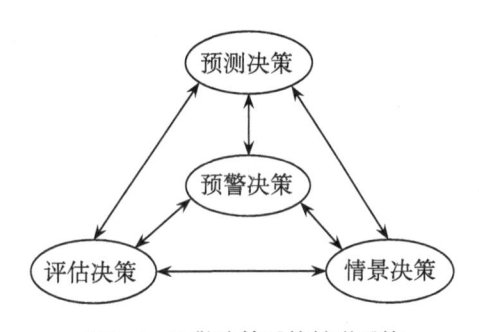

图2-1 预警决策系统关联系统

通过对预警决策系统内部机理的深度剖析,发现预警决策系统达到预警目的的过程可以分为三个阶段。首先是情景决策分析,是指在已有事实或者构想的基础上,对未来发展状态做出预想描述或是事件趋势图景的分析,这是因为在不同的情景下,预测的结果以及预警应对的策略是不同的(杨智,2012);其次是预测决策分析,是指在相应情景下,有针对性地提取影响项目安全风险相关因素,对构成结构体系的关键因素进行预测;最后是评估决策,是指对预测的关键因素设定安全阈值范围,达到评估的目的。上述描述是项目安全风险预警决策系统的核心部分,而要保障系统的正常、有效运行,必然需要组织结构、运行模式、工作流程和方法体系的支撑。

## 一、预警决策系统的组织结构

为保证项目安全风险预警决策系统有效实施,必须建立起以事前控制为导向的责任制职能分工,建立起有针对性的组织管理机构。在预警决策管理中,应该对不能够对预警情况快速反应、不能统一指挥的部分进行组织结构调整甚至是重新构建,并成立以项目安全负责人为领导的预警管理中心,以达到系统内部统一协调的目的。预警管理中心应是在项目安全负责人的指挥下,指派专门人员负责或建立的预警部门,它对项目阶段施工现场的各个部门进行协调统一,指挥影响现场的各类因素("4M1E"),以期能够形成高效、快捷的集中制项目安全风险预警管理体系,保证预警决策系统的有效实施。预警管理中心及预警管理组织架构如图2-2所示。

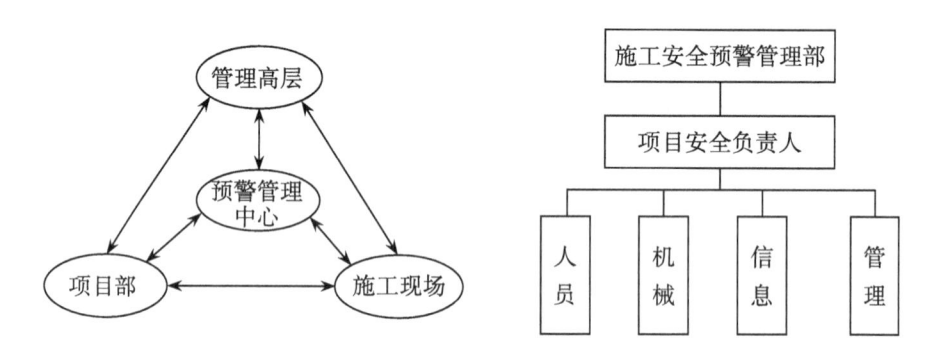

图2-2 预警管理中心及预警管理组织架构

构建一个高效、灵活且反应迅速的组织架构,能够对项目安全风险进行有效预警、管理和控制。项目安全负责人作为预警管理中心的核心领导,需要具备丰富的安全管理经验以及决策能力,预警管理中心的安全管理专家、数据分析师、监理员等其他成员应分工明确,各自承担不同职责,对施工现场进行全面、实时的监测,并根据预警系统收集到的数据对潜在的安全风险进行评估分析。一旦识别出高风险因素,系统会立即触发预警机制,快速通知相关人员启动应急预案,并协调各部门资源有效应对风险。事后预警管理中心应及时组织跨部门会议,分析风险应对流程,讨论风险防控措施优化,促进部门间的配合和支持。

## 二、预警决策系统的运行模式

项目安全风险预警决策管理建立在监控指标建立、信息筛选监测和预警管理的基础上,通过三者之间的配合和协调,对项目阶段的安全和管理状态进行实时监测,给出相应预控策略方案。一方面,有效的安全风险预警能够保证项目阶段安全状态的维持;另一方面在预警安全管理的作用下,对于已经发生的不安全状态(失效或错误),预警系统能够及时地锁定不安全状态的关键因素,避免引起连锁反应,并对其预控方案进行优化和调整,直到恢复安全状态。同时,预警系统所调整的信息数据将会反馈到信息处理库,能够保证在同等条件下消除不安全状态,从而循环往复地对预警系统进行优化。

预警决策系统的运行模式如图2-3所示。

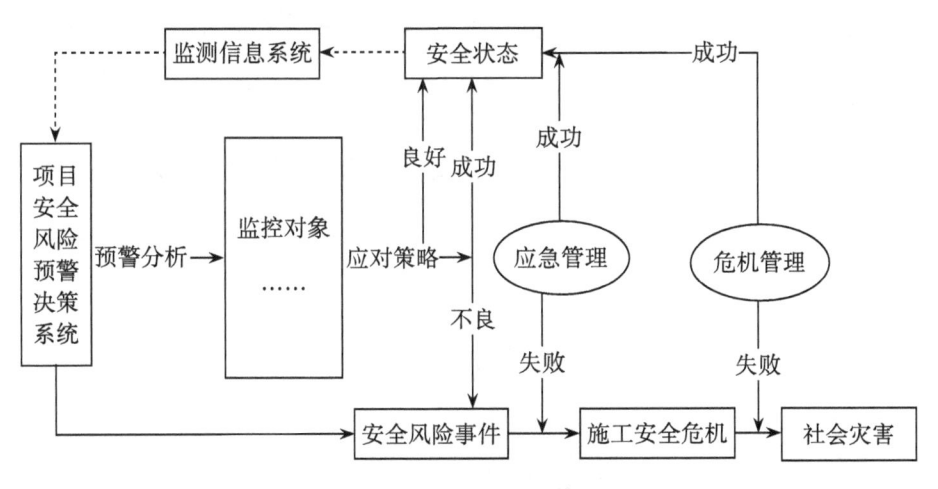

图2-3 预警决策系统的运行模式

### 三、预警决策系统的工作流程

预警管理起源于危机管理的现代风险管理模式。其中的全面风险管理是一种先进的管理理念和方法,它超越了传统风险管理的独特性和片面性,涵盖了企业管理的各个方面(闵敏,2020)。可以从以下四个方面来了解全面风险管理。(1)特点:包括全面、综合、持续和动态,全面风险管理需要所有相关人员的共同参与;(2)预防:全面风险管理可以提前预测并制定解决方案,以减少风险和危险的发生;(3)动态:全面风险管理与目标和管理密切相关,能够随时调整应对措施;(4)完整性:全面风险管理涵盖管理的各个方面,包括战略制定、内部控制机制、监管体系和项目活动等。它不仅包含了应急管理的相关内涵与特征,而且是对应急管理的拓展和延伸,更加注重在事前控制阶段就消灭不安全状态的影响因素。所以,预警决策系统的工作流程在设置上,笔者把重心放在了事前控制和安全状态的分析处理上(危机管理的重要作用不可忽视,但本书研究内容的侧重点在对事前控制的加强)。预警决策管理与危机管理相结合的工作流程如图2-4所示。流程管理的主要环节如监测、识别、诊断和评估,以及对策选择等都能够体现出本书的研究重点。

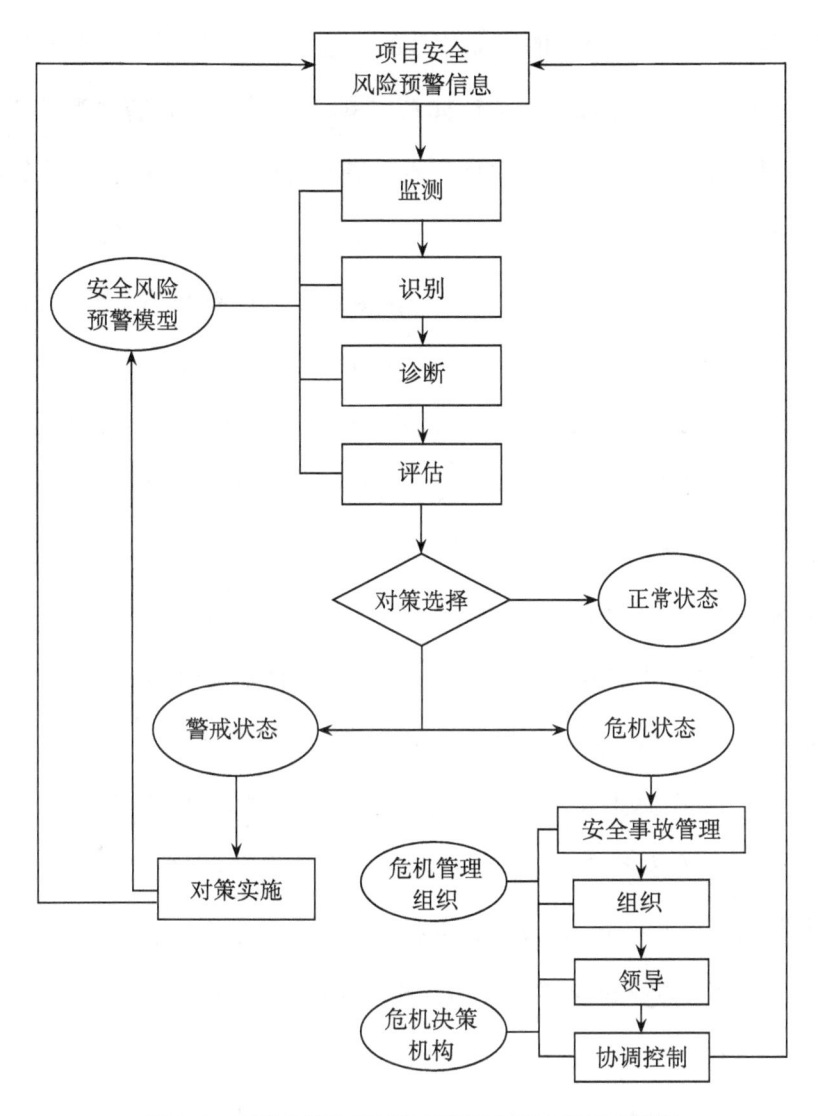

图 2-4　预警决策管理与危机管理相结合的工作流程

## 四、预警决策系统的方法体系

由于项目安全风险预警决策管理的重心在事前控制中的预警分析和决策选择两个部分,所以其任务结构涵盖了能够在此部分发挥作用的信息系统、指标系统、预测预警系统、预控对策系统等工作内容(罗帆,2004)。而此预警决策系统工作内容中的指标体系的构建、安全风险预警决策模型的搭建、信息获取的技术手段等的方法体系,是项目安全风险预警决策系统能够有效、顺利实施的技术保障。这些实现预警功能的方法和途径,是预警决策系统的重要组成部分。

传统的安全管理方法主要是依靠决策者个人的经验和直觉,缺乏科学性和准确性,容易发生事故。为了提高安全管理的效率和准确性,安全量化管理成为一种新兴方法,它主要是通过信息集成技术实现项目施工安全预警和管理。安全量化管理将各种安全信息转化为数据,并通过数据分析和建模来预测和评估安全风险。其最大的特点在于数据的可量化性,即通过传感器实时监测和收集施工现场的安全指标,如环境参数(温度、湿度、大气压、噪声等)、施工设备状态(运行状态、振动、温度等)和工人的安全行为、工作时间、疲劳程度等,并将施工项目的所有数据进行量化。这些实时数据为数据分析提供了基础,使管理人员能够了解施工现场的实时状况。它利用数据分析和建模技术建立安全评估模型和预警模型:安全评估模型对施工现场数据进行统计分析,计算项目潜在的安全风险水平,并对施工过程中可能发生事故的类型和概率做出预测;预警模型则是根据实时监测和比较收集的数据来识别出施工过程中现场出现的异常情况,并及时反馈给管理人员。这些基于数据和模型的方法提高了安全管理的科学性和准确性,为施工安全提供了有效保障(段雷等,2024)。

2019年,住房和城乡建设部发布了《关于深入开展建筑安全专项治理行动的通知》,强调要加快建设并发挥全国建筑施工安全监管信息系统作用,推动施工安全实现"互联网+"监管。此外,文件明确指出,要用信息化促进监管业务协同、信息共享,实现业务流程优化。其中包括优化监管业务流程和信息交流,以促进信息的即时共享与交换,提高监管效率和协同工作能力。随着大数据技术的蓬勃发展,越来越多的建设单位利用大数据分析工具进行深度挖掘与智能分析,充分发挥大数据技术在监测中的作用,进行调查和情况判断、政策评估以及监测和预警(武润香,2023)。

## 第三节　项目安全风险预警决策系统构建

通过对项目安全风险预警决策的深度剖析,我们能够全面清晰地建立起项目安全风险预警决策系统,它主要包括指标系统、信息系统、预测预警系统以及预控对策系统四个子系统。通过相关文献研究发现,施工现场管理的大部分影响因素来源于"4M1E"现场管理理论。

本书对项目安全风险预警决策系统进行了构建,其指标系统的指标选取原则以"4M1E"理论为依据,信息系统和预防对策系统是建立在BIM技术基础上的,同时,利用系统动力学相关理论方法在预测预警方面的优势建立预测预警系统。项目安全风险预警决策系统如图2-5所示。项目安全风险预警决策系统由BIM信息处理模块、"4M1E"内外部因素模块和预警决策模块构成。

BIM模块储存了整个项目工程的数据,是集成了施工方案、施工场地、永久结构、临时设施和机械等的3D模型。它与施工进度相匹配,实时更新参数设置,为项目安全风险预警决策提供了真实可靠的数据支持。BIM技术在建筑工程管理中发挥着至关重要的作用,它通过整合建筑、信息和模型三个核心要素,确保管理质量和效率的提高(袁文婷,2024)。"B"即建筑,不仅包括传统建筑,还包括道路网络工程和土木工程等基本建筑工程;"I"即信息,包含与施工工程有关的所有信息,是工程管理决策和实施的基础,涉及施工安全、质量、进度和成本等各个方面;"M"即模型,直观地反映了建筑工程的总体情况,具有高度的复杂性。BIM技术通过建立基于IS(Information Systems)的工程信息模型,为工程分析、决策和监管提供有效支持,大大提高了信息的直观性。它还促进了项目各部门之间的沟通与合作,共同促进了项目的顺利推进。

在系统动力学预警决策模块中,系统动力学模型作为一种强大的分析工具,通过建立因果图和系统流程图,深入揭示复杂系统的相互联系和动态变化。这种方法有助于理解和反映系统的动态行为(严斌等,2024)。该模型能够抽象现实世界中难以直接处理的问题,并通过引入时间变量来动态观察和模拟系统的运行状态。系统动力学模型对研究数据的包容性很强,即使参数存在一定的误差,只要这些误差在允许的范围内,该模型仍然可以准确地反映各种影响因素对系统的影响。它在系统整体的视角上,以反馈控制理论为基础,采用模拟仿真技术手段,识别系统安全风险因素并总结其发展规律,利用相关假设来模拟未来行为(Lopez-Baldovin等,2006)。管理者既可以通过系统发展趋势分析对既定目标进行预警,还可以在主观预期的基础上改变决策变量设定,进行效果模拟(罗帆等,2014)。系统动力学这一独特功能使其在项目安全风险预警决策的应用分析方面具有先天的优势。

建设工程项目由于时间长、规模大和多种人员的参与,往往面临各种不确定性，这迫使项目经理需要加强风险管理，以确保工程的顺利实施。然而，由于管理技能和风险管理机制不完善，目前的风险管理在全面性、识别和评估方面存在缺陷，难以有效降低风险及其对环境的负面影响(姚信超等，2024)。引入系统动力学提供了一种有效的解决方案。它将建筑工程项目视为一个复杂的系统，从宏观战略的角度，通过模型映射项目管理的实际情况，加强系统内部的信息反馈，深入分析内部复杂性，实现对整个项目的宏观控制。在风险识别方面，系统动力学可以通过模型识别不明显的风险，模拟管理者的目标，实现项目风险的全面管理。

该方法有助于深入了解风险与项目之间的因果关系，动态展示风险对项目的正负影响，为管理者提供新的风险管理视角(梁靖涵，2020)。对于传统方法难以量化的风险，系统动力学模型的模拟提供了关键数据支持，有助于制定风险应对策略，加强风险监测，从而提高项目风险管理的整体效率。通过这种方式，建筑工程项目可以在复杂多变的环境中更有效地识别、评估和管理风险，以确保项目目标的顺利实现。

项目安全风险预警决策系统是以预测结果为判定安全风险事件的依据，因此，如何有效且准确地对安全状态进行识别？一是建立在安全风险预警指标关联度较高的基础上，二是建立在关键预警指标可知信息的基础上，三是建立在风险预测预警方法的基础上。

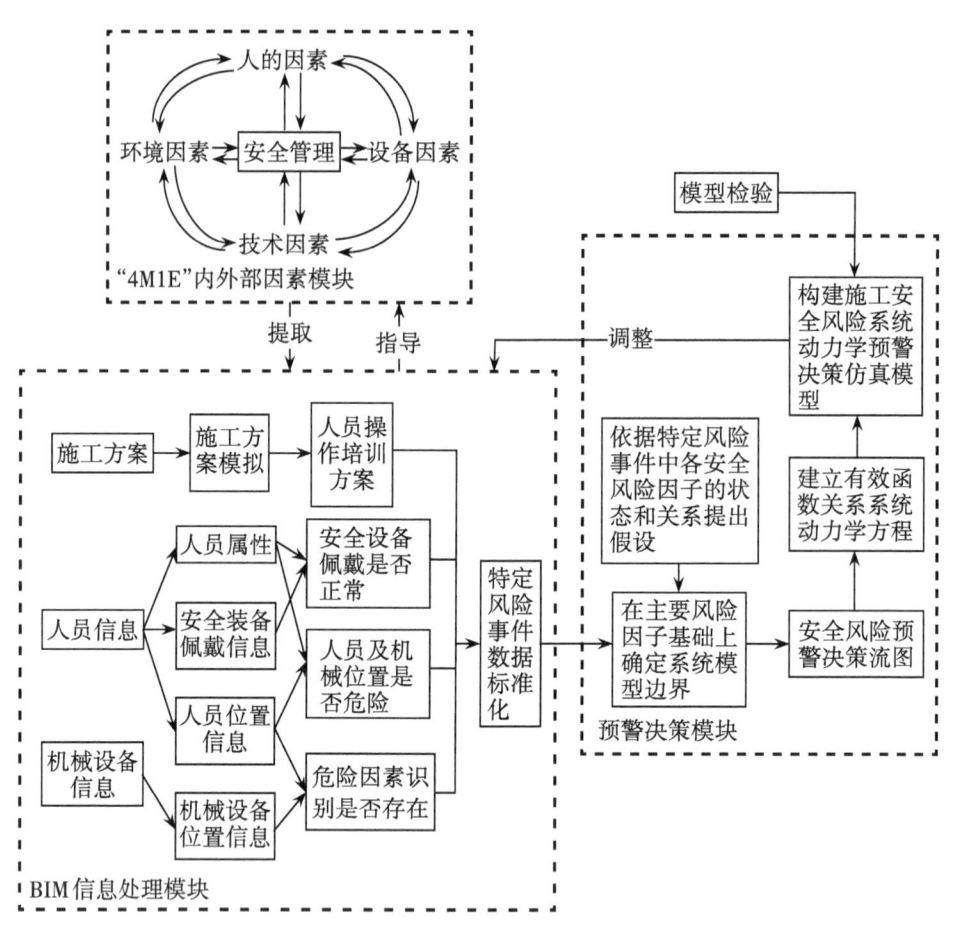

图2-5 项目安全风险预警决策系统

# 第三章　项目安全风险预警决策影响因素

## 第一节　项目安全风险因素识别

### 一、项目安全风险因素识别的概念界定

项目安全风险识别既是项目安全风险预警决策系统的重要组成部分，也是风险管理的重要环节。如果不能在安全风险预警的前期对安全风险的影响因素进行有针对性的准确识别，那么预警决策的依据就是不准确的、无效的，所以安全风险因素的识别非常重要。安全风险识别是指运用一定的方法手段，通过收集的相关资料和数据，识别影响建设工程项目目标的各类风险，并对各类风险因素进行归纳、判断和鉴别的过程。当安全风险识别落实到具体的项目工作上，就需要管理人员清楚地了解项目实施的每一个阶段，识别出造成项目目标不能顺利进行或可能引起安全风险事件的各类影响因素，并进行归纳总结。

学术界除了对项目安全风险识别的概念进行了界定以外，还深入研究了其内在机理，比如风险的类型、风险识别和风险评价的方法、项目安全风

险的特点以及事故致因理论等。通过了解其内在机理,更全面地识别项目安全风险因素,从而完善项目安全风险预警决策。

  建筑工程施工项目的多样性和复杂性决定其风险类型同样具备这些特点,依据不同的标准可从多个维度对风险进行分类。从风险因素构成的角度出发,风险可大致归为两大类:项目决策阶段的风险与项目实施阶段的风险。前者涵盖组织架构的不确定性、经济与管理的挑战、工程所处环境的复杂性,以及技术应用的潜在难题;后者涉及设计前期的考量不足、施工流程中的突发状况,以及竣工阶段可能遇到的问题。以项目参与方为划分依据,风险又可以分为业主方承担的风险、承包方遭遇的挑战、施工方面临的困境,以及可能涉及的第三方的风险。从安全风险产生的具体因素来看,风险可分为施工机械设备相关的风险、组织管理层面上的不足,以及技术工艺实施中的隐患。根据项目安全风险的存在状态,风险还可以被划分为静态风险(相对固定不变的风险因素)与动态风险(随着工程进展而不断变化的风险因素)。

  一般来说,要根据建筑工程施工项目阶段、施工环境情况、施工流程进度的特点等来选择合适的风险识别方法。常用的项目施工风险识别方法有:风险清单法、专家调查法(德尔菲法)、事故树分析法、情景分析法等。这些方法适用的场景各不相同,比如:风险清单法主要基于以往的项目经验或前人经验,通过不断的时间累积和经验累积得到风险清单;专家调查法则是邀请相关专家参与调查,对调查结果进行统计分析;事故树分析法将风险分层次分析,逐层深挖,以此来识别主要风险因素,具备很强的逻辑性;情景分析法则强调对现状的分析和判断。风险识别之后,还需要进行风险评价,包括定性评价和定量评价。比较常用且相对便利的风险评价方法有LEC评价法、层次分析法和模糊综合评价法。风险发生的概率及其影响程度决定了该风险是否关键,只有对识别出来的风险进行客观的评价才能真正了解风险,制定合适的预警决策。

参阅相关文献和大量建筑工程安全风险的分析报告和政府公告,可以把项目安全风险的特点归纳为以下几个方面:(1)普遍性和客观性,即这些风险在工程实践中无处不在,且客观存在,难以人为消除或创造,对工程项目构成持续威胁;(2)连续性和无后效性,风险的变化是一个逐步演进的过程,当前状态仅与前一阶段相关,这使得在管理和预测时需要特别关注近期的风险动态;(3)动态性和易变性,风险随着施工过程的推进不断变化,并受到多种因素的复杂影响,每个因素的变化都可能引发安全风险的转变,从而增加风险识别和控制的难度;(4)规律性和必然性,根据大量安全事故的数据统计分析,安全风险的发生会呈现出明显的分布规律,由于受众多因素的综合影响,其发生也成了一种必然的结果。

事故致因理论是安全科学的基本理论,即通过研究工程项目安全事故的致因,分析总结其背后产生的原因,从而对安全事故进行有效控制。国外学者将事故致因理论的研究划分为三个阶段:单因素事故致因理论、综合事故致因理论和系统理论。该理论最初从单因素开始研究,只考虑安全事故发生原因的某一个方面,渐渐形成事故倾向性理论,之后,单因素事故致因理论的不足被研究者所认识到,即安全事故的发生其实大都受人、物、技术、环境、管理等多因素共同影响。在这个阶段,一些研究者提出了多种(综合)事故致因理论,其中包括事故因果连锁理论(Heinrich,1980;Bird等,1974;Adams,1978)、"4M"理论(西岛茂一,1996)、事故致因流行病学理论(Gordon,1949)、能量意外释放理论(Gibson,1961;Haddon,1966)起源致因理论(Benner,1972)等。后来,随着科学技术的发展,以往理论不再适用于复杂的工程系统分析,开始出现事故致因的系统理论。国外研究者提出的 Hale 模型、人失误一般模型、金矿山人失误模型和瑟利模型等,都被归于系统理论。国内学者在系统安全理论的基础上提出了三类危险源理论、事故致因尖点突变模型以及安全流变—突变理论等。事故致因理论在一定程度上让人们对安全事故有了新的认识,对同类事故的预防具有借鉴作用。

在归纳总结文献的基础上,我们发现多数研究是对安全风险识别的定性静态描述,而由于项目现场环境的复杂及多变性,定性静态识别出的安全风险因素尚不完善且缺乏实际内部关联性。为更好地识别项目安全风险因素,本书采用能够描述安全风险因素之间相互关联状态和动态性变化的系统动力学方法对项目阶段的施工安全风险因素进行识别,以更加科学合理地完成项目安全风险预警决策前期的影响因素识别工作。

## 二、项目安全风险因素分析

在梳理了141篇项目安全预警的知网文献发现,有近90%的专家学者选取的预警指标的依据是现场管理理论中的"4M1E"法,所以依据"4M1E"选取预警指标的科学性和有效性可以说是被证实了的。2022年,国家市场监督管理总局、中国国家标准化管理委员会发布的标准《生产过程危险和有害因素分类与代码》(GB/T 13861—2022)将生产过程危险和有害因素分类为四大类:人的因素、物的因素、环境因素和管理因素。结合安全管理的基础因素,本书将项目安全风险因素分为人的因素、技术及物的因素、管理因素和环境因素四大类。

1. 人的因素

在研究项目施工的过程中发现,人和物的相互作用是导致项目安全事故发生的直接原因(Heinrich,1941)。而 Haslam 等(2005)、Suraji 等(2001)认为,人的因素引起的不安全行为对安全的影响是最大的,约占安全事故发生的80%,由监管人员的工作态度不认真造成的监管失误,由不规范操作引发的安全事故也时有发生。通过文献及现代施工安全风险管理的现状分析可知有生理(感官有误、口误、指令错误、疾病等)、心理(安全意识和观念欠缺、责任心低、纪律性和素质差等)和技术(经验不足、违章操作、知识欠缺等)等人的因素风险。而从管理角色来分,又可以分为管理者和被管理者的不安全因素。管理者不安全因素包括自身榜样、安全监督、安全培训、安全沟通和安全资源等;被管理者不安全因素包括安全意识、态度、知识、身体状态等。因此,可以归纳总结出造成项目安全事故的人的因素主要有:指挥失误、操作失误、监护失误、疲劳指数和工作态度、监管失误等。

2. 技术及物的因素

物的因素是指机械、设备、设施、材料等方面对施工安全的影响(Heinrich,1941)。技术及物的因素主要是指引发施工安全生产事故的客观事物类因素。通过文献及调查分析,可以发现设备设施的维护与使用程度、技术规范完整度、设备供给(包括防护供给、其他安全设备供给等)、设备资金(设备检测资金、设备更换资金、设备维护资金等)等是影响项目安全风险的主要因素。

3. 管理因素

随着项目工程量的增加,管理人员的安全风险管理压力也随之增加,而安全投入的不足、组织结构的不健全以及安全制度的不完善，使管理人员的安全风险控制力急剧下降，且受管理人员的能力水平及条件所限，管理方式容易出现偏差(Neal等,2000)。在此特定的情景下，发生的指挥失误次数增多，致使工作人员的工作失误次数与相应因素之间表现出了一种复杂的非线性关系。因此，在进行情景假设和模型边界确定时要考虑到管理因素。导致安全事故发生的管理因素主要包括：安全投入不足、组织结构不健全、安全规章制度不完善、操作规程不规范等。

### 4. 环境因素

项目所处的环境是动态多变的。例如施工环境、自然环境和行业经济环境等，它们对工程项目都有一定的影响。而其影响的复杂程度往往与项目本身的复杂程度息息相关(Mohamed,2002)。本书从管理层面的角度建立项目安全风险系统动力学模型，以预警决策任务为研究对象，分析外部行业经济环境变化时，模拟项目工程量增加导致工作人员失误的预警和政策变化的决策过程。

根据上述分析，项目安全风险预警影响因素分析框架如图3-1所示。除了上述提及的四个方面的因素，图3-1中还引入了法律方面的因素，比如法律法规、地方政策等。法律法规制定了明确的行为准则和操作规范，规定施工安全的标准、流程以及要求，有效减少了施工过程中的违规行为，从而降低了安全风险。《中华人民共和国建筑法》等相关法律法规对建筑工程用地批准、城市规划许可等方面的规定，以及一些与区域发展相关的政策对项目规模、建设速度等方面的规定，都能避免一些安全事故的发生。

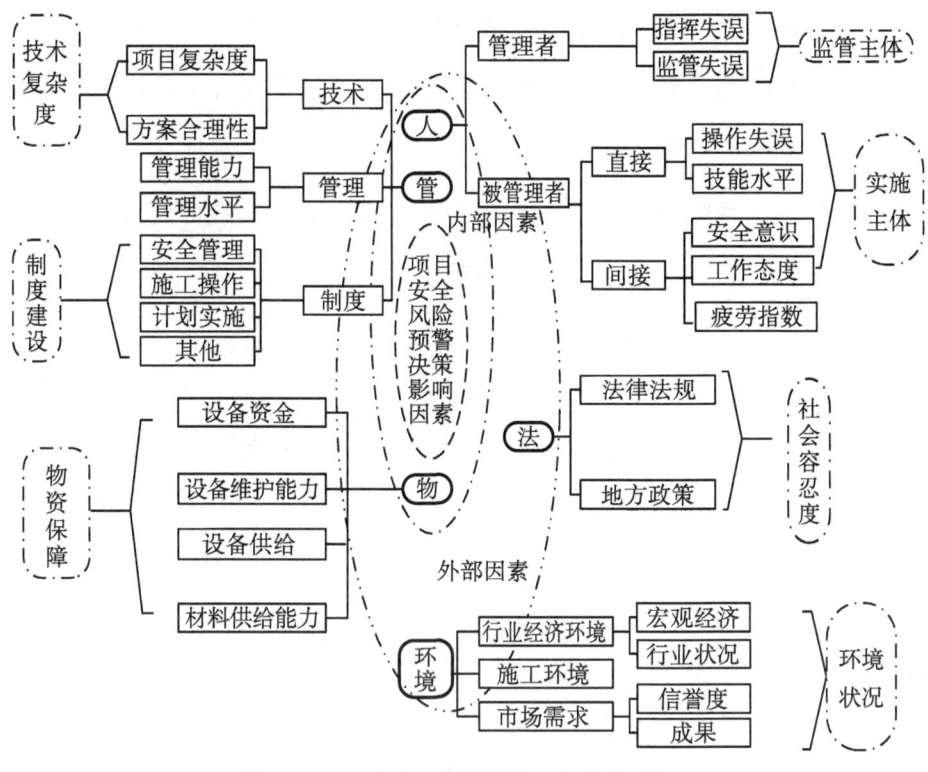

图3-1 项目安全风险预警影响因素分析框架

## 第二节 项目安全风险因素反馈模型构建

### 一、系统动力学的发展与应用

1. 系统动力学的发展

系统动力学的应用起源于1961年,美国教授Forrester提出利用系统动力学的方法对过于复杂的社会系统特别是工业系统建立系统动力学模型,在计算机应用的基础上通过系统动力学的反馈控制、信息和决策论,对现实状况进行模拟,通过分析研究动力学信息反馈系统来解释社会中的一些复杂行为。随着系统动力学的发展,其建模方法被广泛运用于社会现象复杂的各个领域中,包括经济、工业及环境系统等,通过建立各个领域中的因果关系和反馈回路,达到对相关研究领域的全面认识。随着计算机科学的应用与快速发展,系统动力学方法的应用更加广泛,并逐渐成为管理者对系统要素进行系统管理和有效把控的重要手段。

系统动力学的发展可以分为三个阶段:第一阶段系统动力学主要被应用于工业企业经营管理方面(生产与雇员关系、股票稳定性与市场增长问题);第二阶段是系统动力学发展成熟的阶段,该阶段系统动力学被广泛应用于其他领域的研究,主要代表性成果包括WORLD Ⅱ模型、WORLD Ⅲ模型、The Limits to Growth、Toward Global Equilibrium及《世界动力学》等;第三阶段,随着计算技术和人工智能技术的极速发展,系统动力学的研究范围更加广泛,比如物理、生物、人体免疫系统、环境变化问题等。

20世纪50年代至60年代,系统动力学理论应运而生。由于早期的系统动力学主要用于研究工业企业管理问题,故最初被称作"工业动力学"。这一时期,众多奠基性的理论与研究成果涌现,奠定了该领域的基石。随着时间的推移,研究者们的视野不断开阔,系统动力学的应用边界被逐步拓宽,系统动力学理论开始扩展到其他领域,在人与自然、经济和社会以及自然生态环境等领域发挥出亮眼的作用,因此改名为更为广义的"系统动力学"。如今看来,系统动力学的影响力进一步扩大,在制造业、农林经济、建筑工程等各行各业的研究成果中都能发现。

2.系统动力学的原理及特点

系统动力学以系统论为基础,它强调从全局视角审视系统,依据"系统结构塑造系统功能"的核心原则,融合定性与定量分析手段,深入剖析系统内部各层级及其相互间的动态交互作用,旨在应对复杂且非线性的系统挑战。当系统内的状态特征随时间展现出显著变化时,这样的系统被定义为时变系统或动态系统。在此类系统中,至少有一个关键参数是时间的函数,其动态行为可通过一个或多个微分或差分方程来描述,具体形式可表述为:$L(t+\Delta t)=L(t)+\Delta t(R_1-R_2)$。其中:$L(t)$是时变系统中随时间变化的参数,$R_1$是$L(t)$时的参数值,$R_2$是$L(t+\Delta t)$时的参数值,$\Delta t$是时间的差,即两次计算之间时间间隔的长度(杜磊,2019)。

在系统动力学的框架下,系统分析始于深入的定性探讨,旨在识别并解析系统各组成部分之间存在的正面或负面的相互作用关系。这些关系被巧妙地编织成因果链或因果环(causal link),它们不仅是理解系统内部动态机制的关键,也是构建包含反馈机制的系统结构的基础。之后,通过为这些因果链中的元素赋予具体数值或参数,系统动力学过渡到定量分析阶段。为了直观表达时变系统中由微分或差分方程所描述的动态过程,系统动力学借鉴了控制理论中的方块图概念,创造性地发展出了流图(Stock-Flow Diagram)这一工具。流图不仅是一个视觉化的模型,它更是系统内部积累量(level)、速率变量(rate)以及辅助变量(auxiliary)之间复杂关系的精确映射。在流图的架构之上,利用先进的计算机软件技术,研究人员能够高效地求解这些变量之间的数学关系,从而实现对系统行为的精确量化分析和对未来趋势的预测。

在建立系统动力学模型后,可以利用因果回路图来表示系统中各要素之间的关系,并可以定性地描述系统内部的逻辑关系。当变量之间的因果链形成闭环时,就形成了信息反馈回路。在定量分析中,需要将因果回路图转化为存量流量图,建立变量之间的函数关系,并利用仿真软件进行模拟,从而实现对系统管理控制过程的描述。该方法不仅有助于了解系统的动态行为,而且为系统优化和管理提供了科学依据。

因果反馈回路图是动态系统生命力的体现,它捕捉了系统内各变量间错综复杂的相互作用,这些相互作用构成了系统动力学的基础和核心。在系统中,因果链作为有向连接的桥梁,直观地展示了变量间的因果反馈关系,它们相互交织,形成闭合的回路,即因果反馈回路。这些回路依据其内部负极性因果链数量的奇偶性,被区分为正极性(偶数条负极性链)和负极性(奇数条负极性链)两种类型。正极性回路强化了原因与结果之间的联系,而负极性回路则起到削弱作用,这种分类为理解系统动态行为提供了重要视角。

存量流量图的构建是系统动力学模型得以有效运作的关键步骤,它不仅是定性分析的深化,更是定量分析的起点。存量流量图不仅涵盖了状态变量、速率变量、辅助变量及常量,还通过它们之间的精妙布局,揭示了系统随时间演变的内在机制。状态变量作为系统状态的量度,记录了系统的历史累积效应;速率变量描述了状态变化的速度与方向;辅助变量作为计算工具,用于辅助解释和预测系统行为;常量则代表了系统中不受时间影响的稳定因素。它们共同编织成一张动态的"网",展现了系统复杂而有序的运行规律。

系统仿真作为计算机技术进步的产物,是一个跨学科的综合领域,其核心精髓在于运用系统分析的理论框架与技术手段,构建能够精确刻画系统架构或动态运作过程的模型。这一过程通过计算机模拟实验,对系统行为进行预测与分析,旨在为决策提供坚实的数据支持与洞察。而实现这一切的先决条件是构建详尽的存量流量图,它作为系统的骨架,为后续系统方程的建立奠定了基础。建立系统方程的最终导向是模拟仿真的实施,旨在筛选出最优解决方案。这一探索过程高度依赖于计算机软件工具,允许研究者根据研究目标灵活调整系统内变量的参数,生成多样化的方案模拟结果。通过对比不同方案的效果,研究者能够科学评估,得出最终结论。

在众多系统动力学分析工具中,Vensim PLE软件以其广泛的应用和强大的功能脱颖而出。该软件由美国Ventana Systems公司开发,不仅具有直观易用的建模和仿真功能,还集成了丰富的窗口界面,方便用户操作和观察,可追溯问题根源,对仿真结果进行深入分析,为研究人员提供了前所未有的分析深度和视角。

综上所述,系统动力学的优势与特点主要体现在以下几个方面:

(1)整体视角和局部洞察:系统动力学通过对系统中各元素之间相互关系的详细分析,构建从局部到整体的总体框架,使系统中子系统和组成元素之间的动态交互变得清晰。这使得它特别擅长解决高度复杂、非线性和富含多种反馈机制的系统的挑战。

(2)动态趋势的敏锐捕捉:系统动力学能够实时追踪系统随控制因素变动的行为反应,通过调整不同控制变量的输入条件,模拟多种情景下的系统演进路径,为预测和评估系统未来动态提供了有力工具。

(3)开放系统下的中宏观分析优势:系统动力学专注于开放系统的结构与行为分析,其建模过程对参数精确度的依赖较低,灵活性高,允许要素间的灵活替换。这使得它在中观与宏观层面上,对复杂系统进行深入剖析时更具优势。

(4)长期战略与政策研究的理想选择:系统动力学建立在时变系统理论基础之上,它特别强调对系统行为过程及未来趋势的洞察,非常适合用于分析长远的战略规划及相关政策效果,为决策制定提供前瞻性的指导。

(5)规范分析流程促进多方协作:系统动力学的分析过程遵循一套标准

化的路径,不仅可以帮助专家、决策者和管理者参与问题讨论,还可以有效地将人类的逻辑思维与计算机的计算能力相结合,构建一个集多种知识、数据、信息和经验于一体的综合平台,加快问题解决的过程,提高解决方案的质量。

从原理和特点的角度看,系统动力学仿真技术的核心是构建"结构—功能"交互模型仿真框架。在这个框架中,系统内部的反馈机制就像中枢神经系统一样,引导和塑造了系统的整体行为模式。该模型不仅深入分析了系统各组成部分之间的功能协作和动态交互,而且利用其强大的变容量,通过子系统和反馈回路的扩展,逼近和模拟了复杂系统的真实面貌。系统动力学具有广泛的应用,尤其擅长解决以下这几种类型的问题:

(1)长期规划和宏观战略探索:面对产业转型、区域经济发展等长期和宏观的问题,系统动力学显示出其独特的优势。这些问题的政策影响往往滞后于执行,需要决策者有长远的眼光。系统动力学通过仿真技术对此类问题进行科学预测和合理解释,帮助决策者把握未来趋势。

(2)克服数据稀缺和定量挑战:数据稀缺和定量挑战通常是实际建模过程中的制约因素。系统动力学通过构建捕捉系统行为本质的反馈循环巧妙地越过了这一障碍,允许在同一反馈循环中灵活地替换变量。即使面对数据缺失或难以量化的变量,也可以通过寻找替代变量来维护模型,以确保对系统行为的准确模拟。

(3)跨部门、跨维度的复杂系统分析:面对多部门、多维度交织的复杂系统问题,系统动力学已成为不可缺少的分析理论和工具。它善于打破界限,将不同领域、不同层次的系统结构紧密联系起来,形成一个有机的整体。系统动力学利用计算机强大的计算能力,可以处理高阶非线性问题,为复杂的系统问题提供实用的解决方案。

3. 系统动力学的应用

根据对大量文献的研究,可以把系统动力学建模的过程划分为以下五个步骤:(1)明确系统目标问题,界定系统边界。这主要是为了在明确目标问题的前提下,界定系统问题的研究范围和边界,有针对性地选择系统变量,以期通过系统运作的特征来预测系统发展的最佳期望状态(罗飞等,2005)。(2)构建因果关系反馈环。在系统边界确定的基础上,利用系统动力学的因果关系反馈环对系统各变量之间的非线性关系进行关联和描述,但由于仅是定性的描述,并不能解释各变量的能量和状态。(3)确定流图动力学模型。(4)流图动力学模型的检验。(5)仿真结果分析。

由于建筑产品生产周期长、环境复杂以及工程变更等因素,建筑产品的生产过程管理变得尤为复杂。Love等(2002)为分析建筑产品生产过程变更对绩效水平的影响,建立了系统动力学模型,系统地描述了施工管理的潜在影响因素。为更加明确不安全行为产生原因的动态关系,Choudhry等(2008)利用访谈等定性方法对事故原因描述的线性追溯,无法考虑项目安全风险事故原因的动态性和复杂性,而系统动力学模型对宏观动态系统现象和特征的描述,不仅能够利用反馈对系统要素之间的相互影响关系进行动态描述,还能够定量地刻画各变量之间非线性函数关系(Goh等,2012)。在现阶段及之前的安全领域研究中发现,安全风险问题发生之后,安全措施的实施总会带来措施效果的滞后(Neal等,2006)。而对于措施效果滞后性的描述,系统动力学也可以利用函数关系对滞后性效果进行刻画。Goh等(2012)通过建立系统动力学模型对安全管理措施相关因素的因果关系进行刻画描述,指出系统动力学的应用能够改善安全管理的现状。

从以上描述可以归纳出，系统动力学模型以其多尺度与多层次的系统基层和复杂环境下的动态适应性，能够定性、定量地刻画安全管理中系统相关因素内部关联，可以深入地对项目风险进行研究和理解，通过构建预警系统，实时监测和预测潜在风险的发生，或是通过设定风险阈值和触发机制，模型能够在风险达到临界点时自动发出预警信号。在建筑行业的战略规划和政策制定过程中，系统动力学模型能够模拟不同策略和政策实施后的系统反应，预测其长期效果；通过对多种方案进行比较分析，为决策者提供科学依据，帮助其选择最优策略。

## 二、系统边界确定

当使用Vensim等系统动力学软件建立模型时，一个中心概念是"系统边界"，也被图形化地称为"系统栅栏"。这个边界的设置是至关重要的，因为它充当过滤器，清楚地定义哪些元素、变量或概念是系统内部的，需要包含在分析中；哪些是外部的，应该排除在外。这个过程需要仔细描述具体的研究问题和目标，以确保其与问题密切相关并影响系统行为的所有元素都适当地包括在系统的边界内。

在项目安全风险预警系统动力学模型构建之前，必须对项目安全风险预警的系统进行行之有效的界定，也就是对与项目安全风险预警系统内部反馈关联的因素以及对不同因素反馈环轮廓进行规划。通过对项目安全风险预警系统边界的确定，可以将属于项目安全风险预警系统的关键因素和子系统归纳到系统内部的影响因素当中，去除与项目安全风险无关的因素。

项目安全风险管理是一个大型的复杂非线性系统，它是一系列因素相互作用和耦合的结果，因其涉及因素众多，且相互作用关系复杂，所以在构建项目安全风险预警决策模型时,应确定模型边界,并将各影响因素间复杂的作用关系转化为个体、群体的简单行为。在对项目安全风险预警决策影响因素分析的基础上,我们归纳出指挥失误、工作失误、机械设备、技术水平、管理水平等因素对安全风险有直接影响作用。正是这些行为与因素及其之间的相互作用导致了安全风险问题的发生。

### 三、安全风险反馈系统回路构建

反馈系统是系统动力学模型中一个比较基础的子系统,它承担着对系统内部各影响因素之间的相互关系以及信息交流共享的定性描述部分,是建立系统动力学仿真模拟必不可少的前期关系刻画。运用反馈系统对项目安全风险预警系统内部因素之间的关系进行描述时,不仅要考虑项目安全风险预警系统内部历史数据的影响,还要考虑受到其他关联主体的影响,在整个系统的物质流和信息流循环过程中,即时把不同因素之间互相影响作用下的结果输送给系统。而从项目安全风险预警反馈系统来看,反馈系统分为正反馈和负反馈两种不同的反馈形式,以保证整个系统能够保持平衡状态,即系统的边界,使系统不会出现无限增长和无限减弱的情况。正反馈能够在系统循环的信息流和物质流中加强系统的正向增加性,负反馈则能够弱化系统。

在分析项目安全风险管理基础因素"4M1E"的基础上,将工作失误、安全投入、设备故障、项目工程量、工作效率等作为关键因素,形成因果反馈结构图,如图3-2所示。

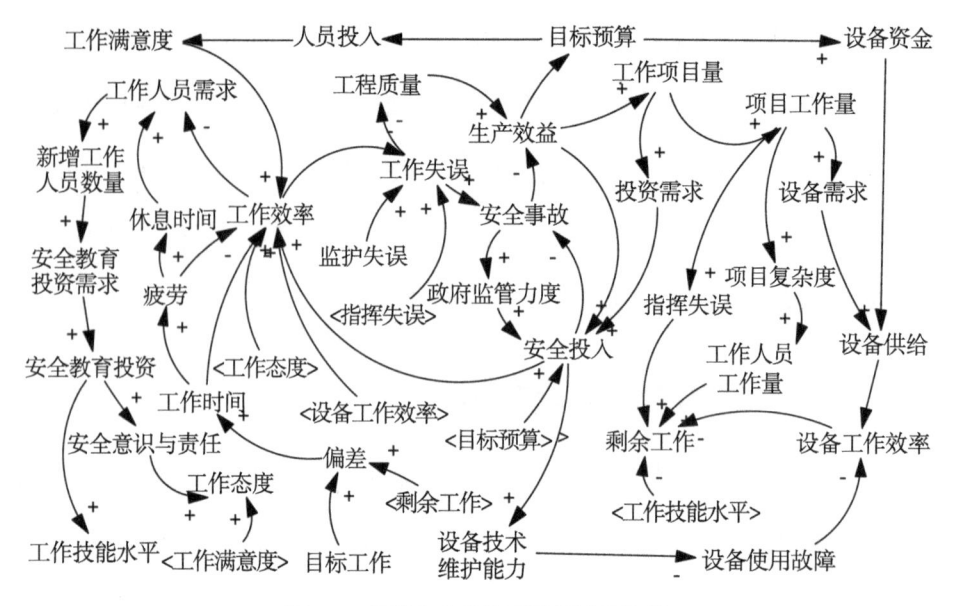

图 3-2 项目安全风险因果反馈结构图

## 四、反馈环分析

项目安全风险因果反馈回路主要包括工作失误、安全投入、项目工程量、安全教育投资需求、安全事故、工作人员工作量与数量、设备供需 7 个要素。其中,"安全事故"主要有 2 条负反馈,包括"安全事故→-生产效益→+工程项目量→+项目工程量→+设备需求→+设备供给→+设备工作效率→+工作效率→-工作失误→+安全事故""安全事故→-生产效益→+目标预算→+人员投入→-工作满意度→+工作态度→+工作效率→-工作失误→+安全事故";1 条正反馈,即"安全事故→+政府监管力度→+安全投入→+设备技术维护能力→-设备使用故障→-设备工作效率→-剩余工作→+偏差→+工作时间→+疲劳→-工作效率→-工作失误→+安全事故"。

## 五、安全事故形成的"Causes Tree"与"Uses Tree"分析

"Causes Tree"和"Uses Tree"是 Vensim PLE 软件提供的分析因果反馈回

路图的重要工具。在"Causes Tree"图和"Uses Tree"图中,连接线表示变量间从左向右的直接影响关系。但是,在"Causes Tree"中,应该关注的是位于最右侧的变量,分析直接影响它的变量有哪些;而在"Uses Tree"中,应该关注的是位于最左侧的变量,分析它所直接影响的变量是哪些。

运用Vensim PLE软件对项目安全风险中安全事故形成的因果反馈回路进行"Causes Tree"和"Uses Tree"分析,得到工作失误、安全投入、项目工程量、安全教育投资需求、安全事故、工作人员工作量与数量、设备供需7个主要变量的"Causes Tree"和"Uses Tree"分析结果。并按照所示逻辑进行逆向排列,如图3-3所示。

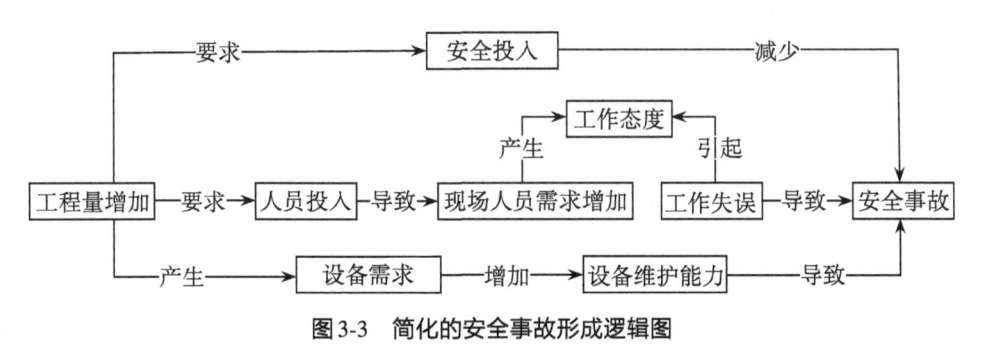

图3-3 简化的安全事故形成逻辑图

1. 安全事故"Causes Tree"与"Uses Tree"

图3-4、图3-5分别为安全事故"Causes Tree"与"Uses Tree"。

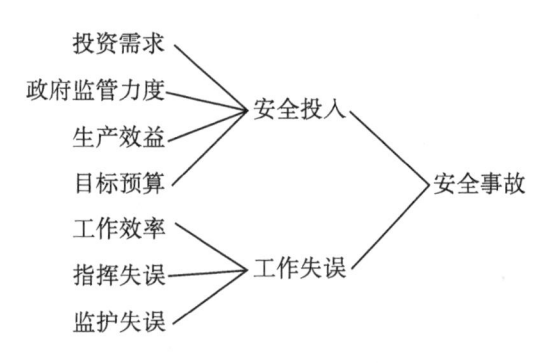

图3-4 安全事故"Causes Tree"

```
                  ┌─ 政府监管力度──安全投入
          安全事故 ┤                 ┌─（安全投入）
                  └─ 生产效益 ───────┤── 工程项目量
                                    └─ 目标预算
```

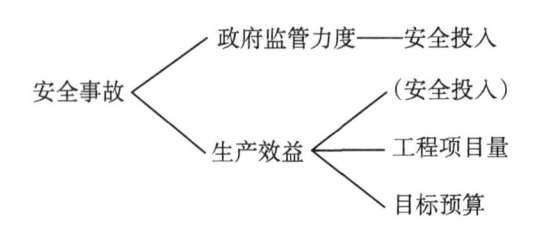

图 3-5　安全事故"Uses Tree"

图 3-4 中,"安全事故"的数量与"工作失误"呈正相关,与项目"安全投入"呈负相关。图 3-5 中,"政府监管力度"与"安全事故"的数量呈正相关,而"生产效益"与"安全事故"的数量呈负相关。

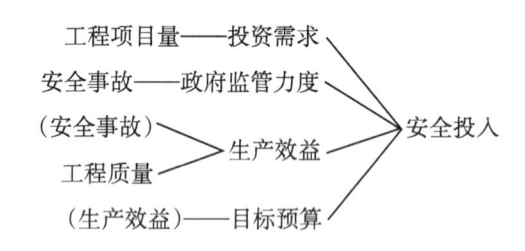

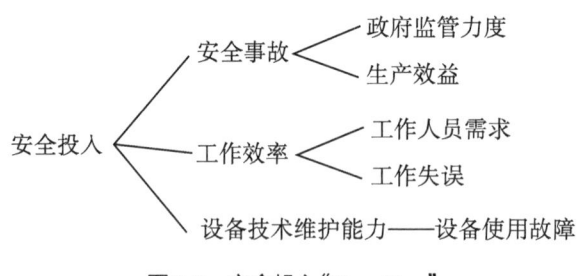

2. 安全投入"Causes Tree"与"Uses Tree"

图 3-6、图 3-7 分别为安全投入"Causes Tree"与"Uses Tree"。

```
       工程项目量──投资需求 ╲
       安全事故──政府监管力度 ╲
       （安全事故）╲                安全投入
                   生产效益 ───────
       工程质量   ╱
       （生产效益）──目标预算  ╱
```

图 3-6　安全投入"Causes Tree"

```
                  ┌─ 安全事故 ─┬─ 政府监管力度
                  │            └─ 生产效益
          安全投入 ┼─ 工作效率 ─┬─ 工作人员需求
                  │            └─ 工作失误
                  └─ 设备技术维护能力──设备使用故障
```

图 3-7　安全投入"Uses Tree"

图 3-6 中,"安全投入"与"生产效益""目标预算"及"政府监管力度"呈正相关,与"投资需求"呈负相关。图 3-7 中,"安全投入"影响"安全事故"数量、"工作效率""设备技术维护能力"。

## 3. 工作失误"Causes Tree"与"Uses Tree"

图 3-8、图 3-9 分别为工作失误"Causes Tree"与"Uses Tree"。

```
安全投入 ⎫
工作态度 ⎪
工作时间 ⎬→ 工作效率 ⎫
工作满意度 ⎪              ⎬→ 工作失误
疲劳 ⎭                    ⎪
设备工作效率              ⎪
项目工程量 —— 指挥失误 ⎭
            监护失误
```

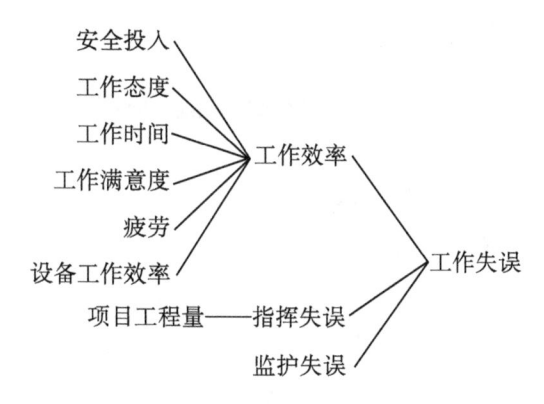

**图 3-8　工作失误"Causes Tree"**

```
工作失误 ⎧ 安全事故 ⎧ 政府监管力度
        ⎨          ⎩ 生产效益
        ⎩ 工程质量 ——（生产效益）
```

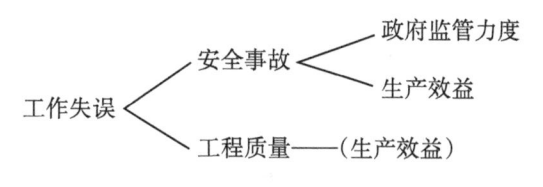

**图 3-9　工作失误"Uses Tree"**

图 3-8 中,"工作失误"=("指挥失误"+"监护失误")×"工作效率"。图 3-9 中,"工作失误"影响项目"安全事故"和"工程质量"水平。

## 4. 安全教育投资"Causes Tree"与"Uses Tree"

图 3-10、图 3-11 分别为安全教育投资"Causes Tree"与"Uses Tree"。

新增工作人员数量 —— 安全教育投资需求 —— 安全教育投资

**图 3-10　安全教育投资"Causes Tree"**

```
安全教育投资 ⎧ 安全意识与责任 —— 工作态度
             ⎩ 工作技能水平 —— 剩余工作
```

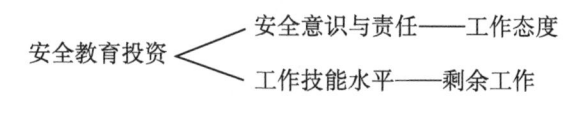

**图 3-11　安全教育投资"Uses Tree"**

图3-10中,"安全教育投资"与"安全教育投资需求"呈正相关。图3-11中,"安全意识与责任""工作技能水平"与"安全教育投资"呈正相关。

5. 工作效率"Causes Tree"与"Uses Tree"

图3-12、图3-13分别为工作效率"Causes Tree"与"Uses Tree"。

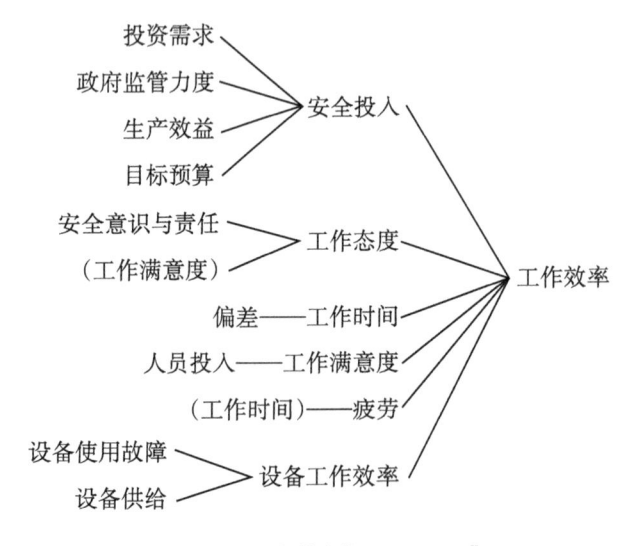

**图3-12　工作效率"Causes Tree"**

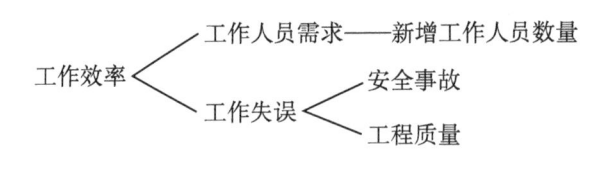

**图3-13　工作效率"Uses Tree"**

图3-12中,"工作效率"与"安全投入""工作态度""工作满意度""设备工作效率"呈正相关,与"疲劳""工作时间"呈负相关。图3-13中,"工作效率"影响"工作人员需求"的水平和"工作失误"的数量。

6. 项目工程量"Causes Tree"与"Uses Tree"

图 3-14、图 3-15 分别为项目工程量"Causes Tree"与"Uses Tree"。

生产效益——工程项目量——项目工程量

**图 3-14　项目工程量"Causes Tree"**

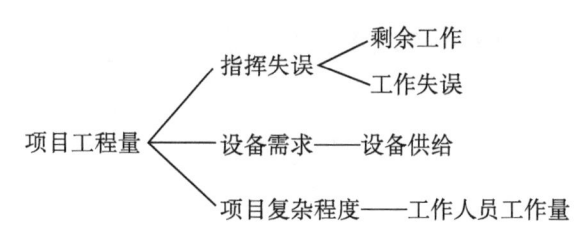

```
                         ┌─ 剩余工作
               指挥失误 ──┤
                         └─ 工作失误
项目工程量 ──── 设备需求 ── 设备供给
               项目复杂程度 ── 工作人员工作量
```

**图 3-15　项目工程量"Uses Tree"**

图 3-14 中,"项目工程量"与"工程项目量"呈正相关。图 3-15 中,"项目工程量"影响"指挥失误"与"项目复杂程度",并且"项目工程量"水平与"设备需求"呈正相关。

# 第四章　项目安全风险预警信息模型构建

## 第一节　信息模型构建的方法应用

### 一、BIM

1.BIM（Building Information Model，建筑信息模型）的发展

1975年，Chuck Eastman提出了建筑描述系统（Building Description System，BDS），被认为是BIM技术的理论雏形。BIM将建筑的物理体系结构、信息深度和模型三个维度相结合，进行可视化分析，在项目管理上发挥着不可或缺的作用，为工程项目的精细化、高效率管理和质量保障提供了支撑。BIM技术构建出来的模型不仅仅是建筑的虚拟镜像，更是集成了材料属性、成本估算、施工流程等丰富细节的全方位展示。它不仅展示了建筑的外观和结构，还包含了材料、成本和施工过程的详细信息，模型的复杂性使其成为项目团队沟通和决策的重要工具。BIM技术大大提高了工程信息的直观性和易理解性。它可以帮助项目团队更好地分析问题，做出决策，并有效地进行监控。此外，BIM技术促进了不同部门之间的沟通和协作，确保了工程

项目的成功开发。

　　随着计算机技术的广泛应用,BIM在建筑领域的应用得到了长足的发展。在我国,原建设部在2001年制定的《建设事业信息化"十五"计划》中为BIM的应用提供了政策支持,但是,BIM在建筑领域的研究与应用实际是在2008年以后。对于BIM,不同的专家学者、组织机构都有不同的理解与定义,有时它被称为融合不同阶段的建筑产品信息的整合体,有时被称为虚拟设计和施工的智能化辅助工具。麦格劳-希尔建筑信息公司曾在中国发布BIM的调研报告,提到:BIM是为实现生产效率的提升,通过融合各方面的建筑信息,创建数字模型,并运用到建设项目设计与施工中的信息模型。美国国家BIM标准机构对BIM的定义是:建设过程中建筑构件和功能的数字化表示。而BIM软件提供者Autodesk则认为BIM是一种方法,是可以即时、持续提供项目设计、规模、进程和成本信息的新型建筑设计施工和管理的方法。也有专家学者认为BIM是在三维数字技术的基础上对建筑全寿命周期的信息整合,达到实现工程项目实体和功能的信息化数字化管理,实现对建筑建设生命周期内的高效率决策与管理。

　　随着时间的推移,BIM技术作为建筑业信息化发展的新契机,迅速融入建筑业,不断拓展其应用范围和深度,改变了建筑工程行业的面貌。这样的发展背景下,我国有关政府积极响应,陆续出台了一系列与BIM相关的政策和指导意见。2015年,住房和城乡建设部印发了《关于推进建筑信息模型应用的指导意见》,提出了BIM应用的基本原则、发展目标、工作重点和保障措施。2016年,住房和城乡建设部印发了《2016—2020年建筑业信息化发展纲要》,提出"着力增强BIM、大数据、智能化、移动通信、云计算、物联网等信息技术集成应用能力"。2017年,《国务院办公厅关于促进建筑业持续健康发展的意见》明确要求"加快推进建筑信息模型(BIM)技术在规划、勘察、设计、施工和运营维护全过程的集成应用,实现工程建设项目全生命周期数据共享和信息化管理,为项目方案优化和科学决策提供依据,促进建筑业提质增效"。

这些政策方针和指导意见不仅为BIM技术的广泛发展提供了政策支撑,还为其在我国建筑工程领域的高质量发展铺设了"快车道",加快了传统建筑行业的信息化转型升级步伐。

2.BIM在安全管理中的应用

安全管理是项目管理的重要组成部分,而部分安全问题在设计之初就已经存在,如何预防施工阶段安全问题的发生,有专家学者认为应该从设计的源头预防和消除安全隐患。在此理念下,Kamardeen(2010)提出在BIM中构建各元素在安全方面的危害分析的基础上,对设计初始的危险因素实行修改,形成预防安全事故发生的PtD(Prevention through Design)法,对施工现场的安全进行控制,其框架结构如图4-1所示。

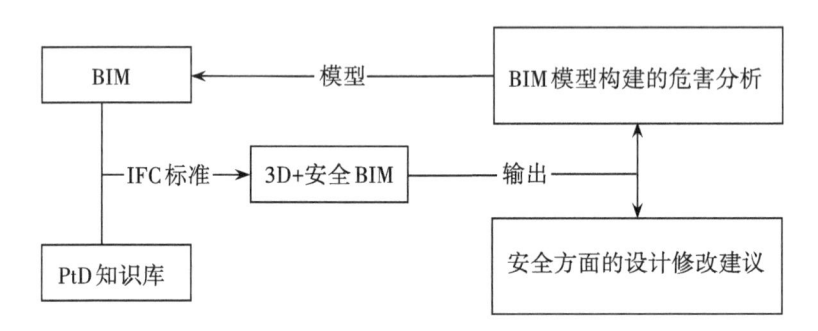

图4-1 基于BIM的PtD框架结构

为规避施工现场活动中人员与设备的空间冲突导致的安全风险,利用BIM技术的可视化进行现场布局规划模拟,可以避免人员与机具设备因空间冲突而导致的安全事故发生(吴翌祯等,2010)。其中,Lee等(2012)为了避免施工过程中因起重设备盲点导致的碰撞事故的发生,建立了以 BIM 和传感技术为基础的起重机导航系统。Zhang 等(2013)利用 BIM 技术制订安全施工计划,在开工前对各施工方案进行预检,并对施工过程进度进行安全检查,不仅能够模拟在任何时间和地点上的安全风险发生方式,评估施工区域坠落风险,而且能够针对安全隐患和风险检测类型提出相应的应对措施。Hu 等(2008)为模拟施工过程中项目阶段连续动态的安全分析,利用 BIM 4D 技术改进建筑结构的分析方法,结合设计和施工管理的安全分析,拓宽了项目阶段的安全管理应用范围。Bansal(2011)为更好地把 BIM 应用于项目安全管理中,将 BIM 与 GIS(地理信息系统)相结合,建立施工现场的地理条件安全数据,能够即时制定和提供安全管理措施,类似研究成果已经在印度的一些施工项目中试验。

BIM 不仅具备 CAD(计算机辅助设计软件)的全部功能,而且包含了建筑的结构和空间属性。BIM 是面对使用者以三维数字技术为基础的建筑全寿命周期数据信息相互关联的建筑物构架参数化的信息模型。它应用于项目安全领域的优势在于:

(1)研究人员从建筑进度和施工冲突的角度建立了 BIM 4D 模型,它不仅融合了 3D 建模技术和虚拟施工,而且以参数的形式融合了项目过程中的安全规范和规则。它能够通过空间信息模型从规则中界定边界,进行前期的施工安全计划模拟,定义不同施工区域的安全等级,以提高安全管理效率,预防安全事故的发生(Hammad,2012)。

(2)BIM 在三维数字技术的基础上,全面、及时、有效地采集项目安全管理信息,能够及时、全面地对安全管理的目标进行监控。并且在直观的可视化项目过程中,BIM 能够与时间关联,实现动态可视化项目过程模拟,有效防止施工阶段项目安全问题的产生。

3.BIM模型建立标准与方法

本书的BIM建立标准与方法是在实际案例(第五章)已建立BIM的基础上对相应信息和数据进行提取的。其主要标准取自《广东省住房和城乡建设厅关于开展建筑信息模型BIM技术推广应用工作的通知》(2014年)、住房和城乡建设部出台的《关于推进建筑业发展和改革的若干意见》(2014年)、住房和城乡建设部印发的《关于推进建筑信息模型应用的指导意见》(2015年)、《建筑信息模型应用统一标准》(GB/T 51212—2016)等政策文件和标准。我国有关部门还将持续推进建筑业大数据标准体系建设,完善建筑工程勘察设计、施工、运维等全生命期信息化标准体系,研究统一的BIM数据编码和交换标准,保障BIM数据互通互用,促进建筑业信息资源共享和数据深度挖掘应用。

## 二、RFID

1.RFID(Radio Frequency Identification,射频识别)的发展

RFID是指能够通过空间磁场或地磁场耦合对特定目标进行识别,并把相关数据信息交换成具有电子标签和阅读器功能的自动实时识别无线通信技术,它不需要机械或光学接触,能够自动识别并跟踪物品,展现出高效、快速、准确等特点。

物联网被称为引领全球信息科学技术产业的第三次浪潮,成为全球新一轮科技革命与产业转型的重要驱动力。物联网的架构通常由四个层次构成,分别为感知识别层、网络构建层、信息处理层和综合应用层。感知识别层作为物联网的基础,负责收集各种感知信息,将现实世界的物理数据转换

为物联网世界中的数字信号。RFID技术是物联网感知识别层中广泛应用的一项感知识别技术,它让物联网系统能够更高效地捕捉现实世界的数据。

在当今时代,RFID是物联网的技术核心,由于RFID技术的进步极大地推动了物联网的发展,RFID在建筑领域中也得到了广泛的应用和较快的发展。Jaselskis等在1995年首次把RFID应用到建筑业当中,主要应用于混凝土的加工和处理,后期又应用于对人、材、机的管理中。装配式构件是近年来建筑行业比较火的一个名词,又称预制构件(PC),包括混凝土预制板、预制柱、预制梁、隧道管片等,具有房屋建造迅速、人力要求低、标准化和安全性高等优点,被广泛运用到建筑业当中。而在装配式建筑物联网(PC-IOT)领域,RFID技术具有很大的应用前景。

2.RFID在安全管理中的应用

RFID在建筑领域的应用范围较广,例如:建筑材料和建筑设备的追踪(Jaselskis等,1995)、施工工具的追踪(Jang等,2009)、地下深埋材料的管理(Goodrum等,2006)、现场检查追踪管线等其他有价物品(Dziadak等,2009)等。

此外,RFID在项目安全管理领域的应用也较多,如陈伟珂等(2012)为对地铁施工灾害进行实时监控和预警,在多维关联规则和RFID自动识别和动态监控技术的基础上,建立了地铁施工过程中的灾害预警监控系统,以有效预防灾害的发生。Chae S等(2010)为有效避免在施工过程中因施工空间引起的施工机械与工人交叉碰撞的安全事故,利用RFID标签的定位功能,把RFID标签定位到项目工人和施工机械设备上,对两者进行实时定位,对出现在施工安全风险区域的工人进行预警。

相较于传统的安全管理方法或技术(如GPS、安全管理人员管理、监控),

RFID不仅能够多目标、低消耗地对项目的人员、设备进行监控,而且能够更加有效地对施工人员安全状态、安全事件发生地点进行定位,在地理和空间方面的限制更小,可以满足不同的复杂施工环境的需要,减少人力资源的消耗。RFID独特的定位功能也是项目安全风险管理信息收集功能实现的关键,其主要的定位算法可参见相关文献。在RFID进行信息收集的过程中,包括了多种信息内容,在RFID标签中嵌入传感器并与互联网进行连接可以对信息进行实时传递,建立监控目标的自动化识别定位和安全管理控制。

## 三、BIM和RFID在项目安全管理中的应用优势

国内外专家学者对BIM和RFID技术相结合应用于项目安全管理领域的研究也较多。Rueppel等(2008)为在复杂的建筑火灾等情况下,为救援人员提供最便捷和安全的救援路线,利用BIM的可视空间性、RFID的追踪定位性,以及与UWBRTLS(Ultra-Wideband Real Time Location Systems,超宽带实时定位系统)等技术结合,构建了室内紧急导航系统,提供了有效的安全保障。Sattineni等(2010)利用BIM和RFID两种技术的优点,对施工现场的项目工人、机械设备及材料进行实时动态的空间位置追踪,有效提升了项目现场的安全管理效率。周文波等(2012)研究了装配式项目安全管理中BIM和RFID技术的应用,其研究主要利用了两种信息技术的优势,对预制构件的制作、运输、现场装配等过程进行了可视化管理,提升了各个阶段对安全风险的监控力度以及控制能力。

现今BIM技术被广泛关注,为建设项目各个阶段的规划、设计、施工及后期管理提供了技术支持,而与其相关的技术也在建设项目的安全建设和

安全施工中有一定范围的应用。在建筑项目管理中，BIM技术的引入显著提升了施工效率和安全性。通过BIM技术建立的项目安全管理信息平台，可以实现施工信息的共享利用，实现了信息的全面整合和高效流通。这一信息平台既加快了信息共享的速度，还可以实现运用信息日常、精准指导现场作业，大大提高了工作效率。同时，BIM技术促进了施工资料的即时反馈与部门间的交叉验证，确保了信息的真实性与完整性，为项目团队调整作业策略、预防安全事故提供了坚实的数据基础，避免一些安全事故的发生。除此之外，BIM技术的应用优化了施工信息的集成与利用，为构建安全模型提供了有力支持。员工可以通过学习、熟悉BIM技术，根据BIM技术过滤后的数据和自己的需要获得符合工作需求的、真实可靠的施工数据，从而促进施工工作的顺利进行。BIM技术还具备强大的模拟能力，能够在施工前对建筑环境的复杂性和潜在的干扰因素进行全面模拟，为管理人员在决策中提供意见，大大减少因实际施工中不可预见因素导致的事故发生，并进行积极的安全管理，有效地确保施工项目的安全。BIM技术在建筑项目管理中的应用，不仅革新了建筑信息的共享与管理方式，还极大地提升了项目安全管理的预见性与实效性，提高了项目安全管理的模拟和预防水平，为建筑项目的顺利运行和安全管理提供了坚实的技术支持。可以利用BIM技术建立项目模型，收集现场安全管理因素"4M1E"的基础信息，集成各模块属性，并经过数据信息的实时更新，形成一套动态的施工过程数据库。本书在文献研究的基础上，结合定位技术（Positioning Technology，PT）、RFID和BIM技术，构建了BIM模块。在特定风险事件情景模式下进行数据规范化处理，为项目安全风险预警决策系统提供了技术和信息支持。通过对特定信息的预警决策,再循环调整BIM模块内的施工方案、人员及设备,用以指导项目安全管理。

## 第二节　安全风险预警信息模块构建

### 一、安全风险预警信息模块数据和功能需求

项目安全风险预警管理是多因素耦合的复杂系统,而项目安全风险预警所需的建筑信息是一个庞大的建筑工程建造阶段的信息大集合。如何更好、更快、更加有效地收集和处理与项目安全风险相关的数据,为项目安全风险预警提供数据分析,是准确预警安全风险的基础。传统的信息收集及处理方式不能及时、高效地对项目安全风险做出应对,所以应该采用新型的信息采集及处理方式。而RFID技术能够对多目标进行监控和信息收集的特点,不仅能够减少对人、材、机安全风险监控的投资,而且在对人、材、机对象属性进行数据化、信息化收集时,能够更加高效地从施工现场中获得三维空间信息、对象属性及环境信息。信息获取的准确性和及时性,是保证项目安全风险预警系统有效的前提。

在以RFID技术获取施工现场中目标的三维空间信息、对象属性及环境信息时,可以在BIM与RFID信息交换和信息协同的作用下将信息反映到BIM中,形成空间立体式的施工现场动态安全风险控制,施工安全管理人员或监督人员能够通过可视化的直观形式全面、准确地了解项目安全状态和安全计划的实施情况。在对信息进行标准处理后,信息被输送到项目安全风险预警系统模型中,安全管理人员或监督人员可以通过预警系统的判断,有针对性地对关键因素进行补救或更改相应的技术方案。

## 二、安全风险预警信息模块构建

1. 设计原则

项目安全风险预警系统要对项目现场安全状态进行评定,而施工现场状况是在实时变动的,要保证预警系统的准确性和有效性,就必须要求获取的人、材、机的信息是动态的,是随着施工现场环境的变化而变化的,并且这些动态信息要在信息模块中得到体现。要提升项目安全预警的质量,就必须保证数据的准确性。而准确的数据往往是第一时间的现场数据,所以就要求 RFID 把原始数据传输到 BIM 时,必须对数据的格式、存储、交换等进行标准化,这样才能够达到信息准确、清晰、一致的要求。

2. 预警信息模块框架

作为项目安全风险预警的基础,预警信息模块以 BIM 技术为前提,将利用 RFID 技术实时收集的项目现场信息和 BIM 案例库作为项目安全风险预警的信息来源。依据信息管理结构系统设计的基本步骤和 RFID 技术的运行原理,预警信息模块的框架可呈现为图 4-2。

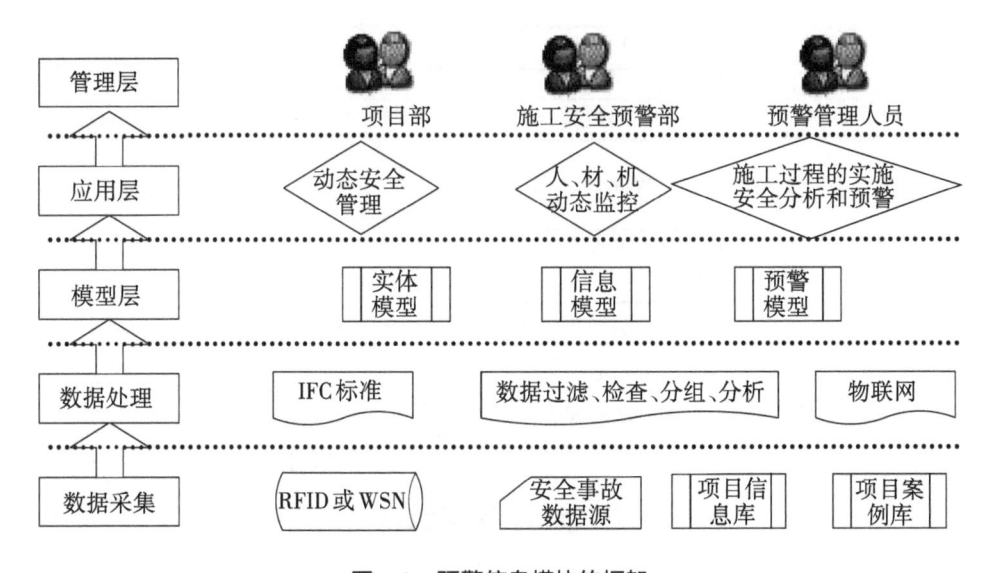

图 4-2 预警信息模块的框架

该模块的主要优势体现在其数据主要来源于RFID技术现场采集、项目信息和案例库、人机交互界面采集三个方面。信息采集的工具包括RFID标签和编码器、传感器和阅读器，以及能够传输到网络上的通信工具。数据处理层是在RFID系统中嵌入的信息标准化工具，主要是将实时采集的现场数据进行格式化和标准化，是为与BIM实现信息交互和协同而设计的，具体标准参见工业基础类(Industry Foundation Classes, IFC)标准。在模型层中，该模块把传入BIM的标准数据3D化、4D化，建立起项目安全视角下的项目安全动态信息模型。

3. 安全风险预警信息模型的数据流

项目安全风险预警信息模型的数据流主要包括以下几个环节：设备数据采集、数据整理、数据交互、数据处理和BIM数据系统。数据流图如图4-3所示。

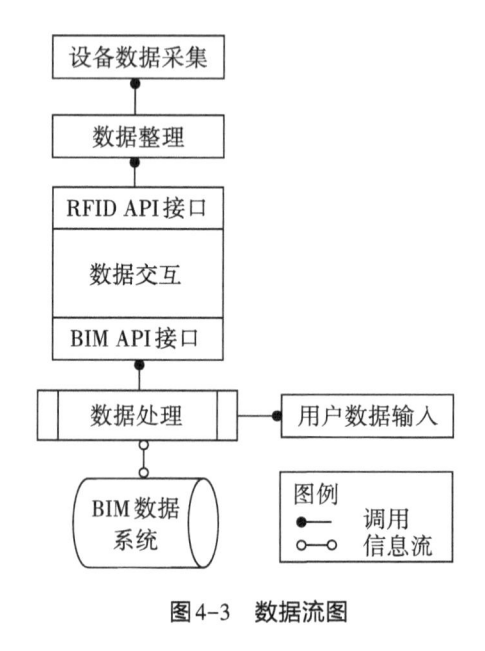

图4-3 数据流图

## 三、BIM 和 RFID 技术在项目安全风险预警模型中的优势分析

通过项目安全风险预警信息模型的框架和数据流分析，结合 RFID 能够补充 BIM 作为静态、不全面的技术性信息手段的不足，实现了人、材、机和技术方案全面、动态的项目系统信息的控制和有效获取。前文在项目安全风险预警决策系统中构建的 BIM 系统是一个结合多种信息手段的综合体，其主要优势在于它是基于 IFC 标准的建筑信息模型，可以将虚拟建筑物、施工现场的 3D 信息模型及施工进展连接，与人、材、机和成本等资源，以及场地布置信息等进行全面系统的集成，统一形成多维度信息，能够即时、动态、系统地反映项目的全面信息，为项目安全风险预警提供系统全方位的技术信息支持。

该项目安全风险预警信息模型不仅能够为项目安全风险预警提供即时有效的动态信息，而且在预警决策系统模型的仿真分析结果超出规定阈值时，能够及时反馈，并通过项目安全风险预警信息模型对项目方案或人、材、机等进行调整，达到其系统整体性决策的目的。

# 第五章　项目安全风险预警决策模型构建

## 第一节　项目安全风险预警决策流图构建

系统动力学模型仿真流图建立在因果反馈环或是因果关系的基础上,是对因果反馈环和因果关系模型不能用定量函数关系描述的系统变量之间线性或非线性数学关系的一种定量补充。因果反馈环或因果关系模型并不能对系统中的变量性质进行区分,而在系统动力学仿真流图中,不同变量的特征可以用状态变量、常量和速率变量等单元进行分类,各单元形成的关系为:状态变量—速率变量—辅助变量—常量—状态变量。可以看出,状态变量是系统动力学模型的起始及终结变量,常量和速率变量是循环系统的中间变量。三种变量之间的因果循环形成了系统,并能够反映社会系统内部的动态行为。在项目安全风险预警决策系统流图模型中,主要包括以下几个要素:累积或状态变量、速率变量、流、辅助变量、常量和信息转换形式(系统的流入和流出)。

(1)累积或状态变量。系统内部的运行是指系统内部信息流和物质流输入增加量与流出量的数学差值的累积,所谓累积或状态变量属于反馈回路中表征系统状态的变量,是对系统变量内部状态的描述,具体指的是变量运行后的积累或堆积。现实社会中对类似状态变量的描述有很多,如水库的水的存量、仓库库存量以及区域人口数量等。区分系统动力学模型中的累积变量和状态变量在于变量的变化是否有时间的参数,如果变量值会随着时间变化而改变,那么就可成为累积变量,反之就是状态变量。这也是系统动力学模型能够动态描述系统的原因,是模型的核心,它能够对不断动态变化的系统进行描述。在系统流图中经常用矩形来表示累积变量或状态变量,如图5-1所示。

(2)速率变量。速率变量用于描述累积或状态变量在某个时间点的具体状态,是某个时间点的系统物质和信息的流入、流出瞬时变化值。所谓速率,就是系统变化时,单位时间内的物质信息具体变化量。相对累积或状态变量,速率变量的特点在于它是系统内部状态某一时间点上的瞬时值。模型中用于描述速率的函数关系也是系统内部物质信息状态变化的数学差值,但它主要强调的是某一特定时间点上的数值单位变化量,常常作为模型中决策函数的角色出现。其具体图形表示如图5-1所示。

(3)流。流的定义主要在于系统动力学模型系统对各变量性质的界定,主要包括物质流、信息流和资金流等三种形式。"流"的形态也说明了系统的本质特征。

(4)辅助变量。辅助变量是指除了流以外能够帮助说明系统内部各因素相互影响的函数关系。这主要是因为一个因素的发生并不是由单一因素造成的,通常是几个因素相互耦合造成的,而为表述各因素之间关键因素的地位或重要性,通常以辅助变量改变"流",达到影响主要变量的目的,从而由辅助变量和主要变量构成系统的因果反馈系统,实现系统动力学模型。在系统动力学模型流图中,辅助变量的表示形式如图5-1所示。

(5)常量。常量主要是指系统动力学模型中不随时间和其他因素改变而改变的值。它是系统模型的基础,因为系统仿真和模拟的前提是我们依据历史数据和资料进行了参数值的预设。它是真实反映现实状态的系统归纳总结出的不变值,而其他因素会发生相应变化。

(6)系统的流入和流出。即描述"速率"时的能量变化状态,是具有时间性质的流的描述。表示形式如图5-1所示。

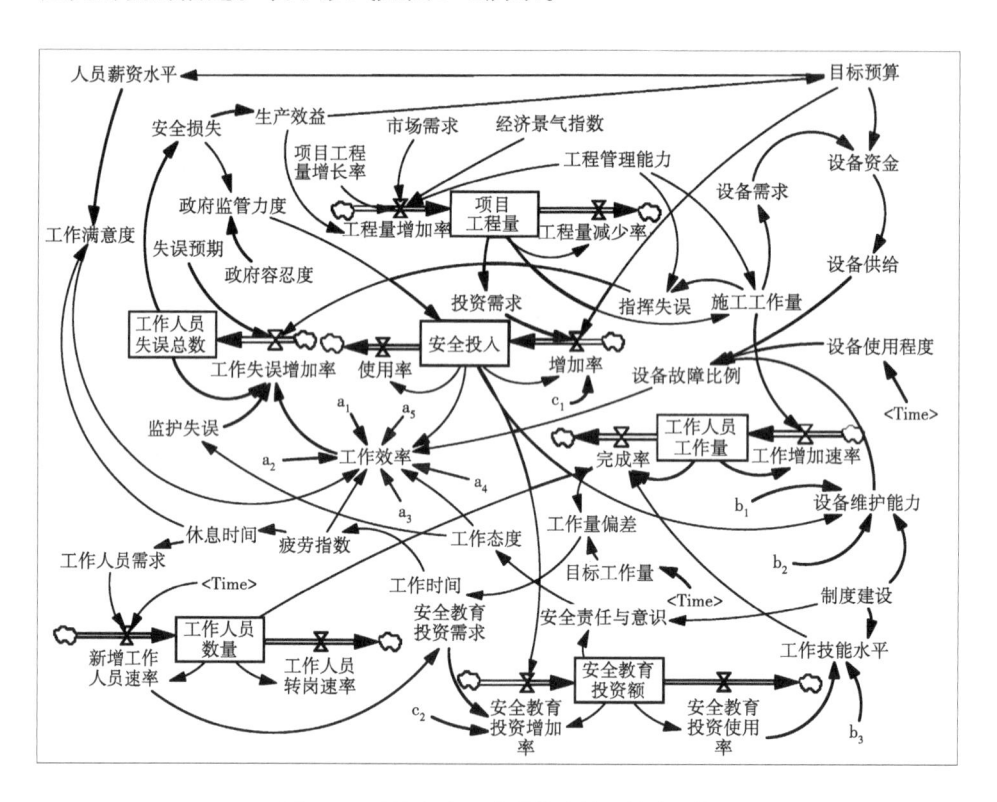

图5-1 项目安全风险预警决策系统流图[①]

① 注:图中<Time>指代时间变量,加外框的变量为状态变量,以沙漏符号表示的为速率变量,无箭头流入的为常量。

为精确地描述模型的变化机理，本书以上述定性描述项目安全风险预警模型系统内部各要素复杂关系的因果反馈结构图为基础，依据安全管理基础要素"4M1E"的相互作用特点和各变量相互作用对应的方程式来描述变量间的逻辑关系，构建项目安全风险预警决策系统流图模型，如图5-1所示。该系统模型中主要包括状态变量、速率变量和辅助变量：状态变量用来描述系统要素的状态；速率变量决定了状态变量随时间变化的趋势；辅助变量为建立速率变量与状态变量的复杂关系提供了必要的辅助信息。该系统以项目工程量、安全投入、工作人员工作量及失误总数作为描述项目安全风险预警模型系统仿真过程的主要变量；其中，状态变量6个，速率变量12个，辅助变量29个，常量15个。

系统动力学一般用作宏观层面、大范围的系统仿真，为完善这一点，可以在系统动力学方法的基础上结合复杂适应系统理论的多Agent建模方法构建微观层面各主体间相互作用规律（刘康，2011）。这两种仿真方法的结合不仅能够在微观上反映各个主体（状态变量）之间相互作用的影响过程，而且能够通过系统动力学反映各主体间相互作用对项目安全风险的整体影响，使数据可以在微观和宏观层面相互利用，以解决项目安全风险预警难应用于施工过程的难题。一般来说，主要基于Netlogo仿真平台搭建系统仿真流图，该平台界面如图5-2所示。本书仅利用Netlogo仿真平台对项目安全施工主体间影响过程的微观层面进行完善，具体理论和操作方法参照施永仁学位论文的《基于复杂适应系统理论的社会经济系统建模与仿真研究》，在此不做赘述。

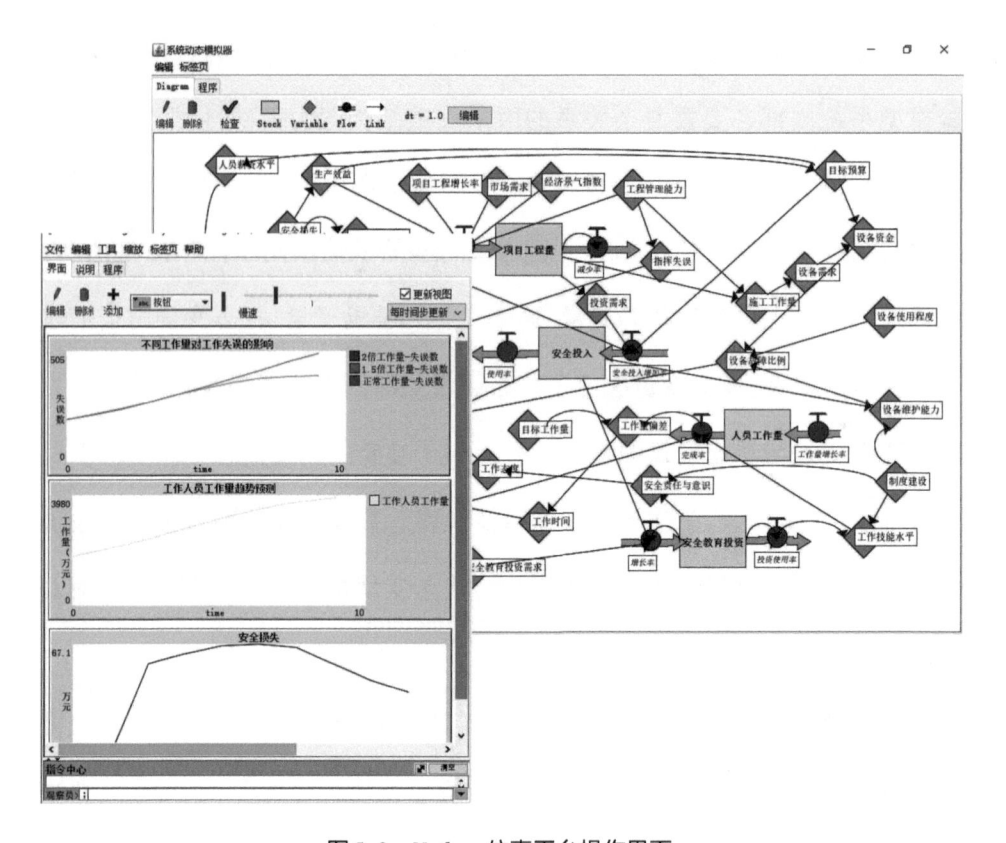

图 5-2　Netlogo 仿真平台操作界面

## 第二节　模型中变量及函数关系确定

本节以广州某区保利集团二期项目为研究对象,以 BIM 技术获取基本参数初始值,并以历年年鉴和该项目的历史数据对无法准确赋值的部分参数进行赋值。

(1)项目工程量增长率以 2015 年广东省统计年鉴为准,取 7%(2016 年后未能取得详细的数据)。经济景气指数取 2015 年全国平均经济景气指数(按《广州统计年鉴 2016—2021》来算的话是 8%;2015 年全国宏观经济景气指数为100，2020年6月的经济景气指数为91.8）。市场需求选取2015年广东省房地产分析报告中的数据：办公楼商品房销售面积158.78万 m²，同比增长2.6%，占非住宅面积的35%（2020年广东省商品房建筑面积14 908.25万 m²，办公楼商品房销售面积448.14万 m²，占非住宅面积的23%）。依据潘江CPMC（Chinese Project Management Capability）工程能力评估法对该工程的工程管理能力进行评价，评价结果为80。

（2）政府监管力度=IF THEN ELSE（安全损失>政府容忍度，安全损失−政府容忍度，1.1），用以表示政府监管力度与安全损失成正比这一潜在规律，其中"政府容忍度"取《生产安全事故报告和调查处理条例》中的一般事故，即以1000万元经济损失为上限。依据《中华人民共和国建筑法》及《中华人民共和国安全生产法》，安全投入取总造价的2%，安全教育取安全投入的30%，设备维护取安全投入的30%，其他取安全投入的40%。

（3）人员薪资水平取2015年广东省建筑业职工平均工资，即3 912元/月（2020年广东省建筑业职工平均工资为6 489元/月）。常量$a_1$—$a_5$、$b_1$—$b_3$、$c_1$—$c_2$的参数说明见表5-1，将这些常量（系数）代入模型的运算，其取值大小不会影响仿真曲线的变化趋势。项目安全风险预警决策模型中的主要变量函数关系见表5-2。

表5-1　常量的参数说明

| 常量 | 参数说明 |
| --- | --- |
| $a_1$ | 工作效率与安全投入相关系数 |
| $a_2$ | 工作满意度提升工作效率系数 |
| $a_3$ | 工作态度提升工作效率系数 |
| $a_4$ | 疲劳指数降低工作效率系数 |

续表

| 常量 | 参数说明 |
|---|---|
| $a_5$ | 设备使用故障降低工作效率系数 |
| $b_1$ | 设备安全投入系数 |
| $b_2$ | 设备维护制度建设系数 |
| $b_3$ | 工作技能水平培养制度建设系数 |
| $c_1$ | 安全教育需求系数 |
| $c_2$ | 安全教育需求增长系数 |

表5-2 主要变量说明[①]

| 系统 | 变量名称 | 变量类型 | 变量表达式 | 单位 |
|---|---|---|---|---|
| 工作人员子系统 | 工作人员数量 | 状态 | INTEG(新增工作人员速率-工作人员转岗速率,初始值) | 人 |
| | 新增工作人员速率 | 速率 | IF THEN ELSE(工作人员需求<0,0,(工作人员需求-工作人员数量)/Time) | 人 |
| | 工作人员工作量 | 状态 | INTEG(工作增加率-工作完成率,初始值) | 万元 |
| | 工作人员工作完成率 | 速率 | 工作人员工作量/(工作人员数量×工作技能水平) | 万元 |
| | 工作量偏差 | 辅助 | (目标工作量-完成工作率)/时间 | 万元 |
| | 工作人员需求 | 辅助 | SMOOTH(疲劳指数,Time) | 无 |
| | 工作效率 | 辅助 | $a_1$×安全投入+ $a_2$×工作满意度+ $a_3$×工作态度+ $a_4$×疲劳指数+ $a_5$×设备使用故障 | 无 |
| | 工作态度 | 辅助 | RAMP(安全责任与意识,开始时间,结束时间) | 无 |
| | 工作失误总数 | 状态 | INTEG(工作失误增加率,初始值) | 次 |

---

[①]注：表中变量表达式的英文及符号均运用的是 Vensim PLE 软件函数语言。

续表

| 系统 | 变量名称 | 变量类型 | 变量表达式 | 单位 |
|---|---|---|---|---|
| 技术及设备子系统 | 设备使用程度 | 辅助 | 设备供给×设备维护能力 | 无 |
| | 设备故障比例 | 辅助 | WITH LOOKUP(设备使用程度,表函数) | 无 |
| | 设备维护能力 | 辅助 | WITH LOOKUP($b_1$安全投入×$b_2$制度建设,表函数) | 无 |
| | 工作技能水平 | 辅助 | WITH LOOKUP(安全教育投资使用率×$b_3$制度建设系数,表函数) | % |
| 管理子系统 | 项目工程量 | 状态 | INTEG(工程量增加率−工程量减少率,初始值) | 万元 |
| | 项目工程增加量 | 速率 | DELAY1I(生产效益,时间,初始值)+项目工程增长率×市场需求×经济景气指数×工程管理能力 | 万元/月 |
| | 安全投入 | 状态 | INTEG(增加率−使用率,初始值) | 万元 |
| | 安全投入增加率 | 速率 | IF THEN ELSE((安全教育投资额/安全投入)×安全教育投资需求×$c_2$>=安全教育投资需求,0,(安全教育投资额/安全投入)×安全教育投资需求×$c_2$) | 万元 |
| | 安全教育投资额 | 状态 | INTEG(安全教育投资增加值−安全教育投资使用值) | 万元 |
| | 安全教育投资增加率 | 速率 | (安全教育投资额/安全教育投资需求)× $c_2$安全投入 | 万元 |
| | 安全损失 | 辅助 | WITH LOOKUP(工作人员失误总数,表函数) | 万元 |
| | 失误预期 | 辅助 | RANDOMNORMAL({min},{max},{mean},{stedv},{seed}) | 无 |

## 第三节 项目安全风险预警模型基本情景及变量赋值

以广州某区保利集团二期项目为研究对象,将《广州统计年鉴2010—2015》中的建筑面积增长率均值7%(按《广州统计年鉴2016—2021》计算为8%)作为项目工程量的增长率;依据BIM模块技术获取基本参数,结合一期项目的历史数据对常量和变量进行赋值,见表5-3、表5-4。在此情景下,对项目计划工期(18月)内的相关变量在系统中的运行状态进行仿真模拟,模型初始参数设置为:INITIAL TIME=1,FINAL TIME=18,TIME STEP=1,Unit for Time:Month。

表5-3 主要常量赋值

| 常量 | 参数赋值说明 | 赋值 |
| --- | --- | --- |
| $a_1$ | 工作效率与安全投入相关系数 | 0.28 |
| $a_2$ | 工作满意度提升工作效率系数 | 0.19 |
| $a_3$ | 工作态度提升工作效率系数 | 0.17 |
| $a_4$ | 疲劳指数降低工作效率系数 | 0.15 |
| $a_5$ | 设备使用故障降低工作效率系数 | 0.21 |
| $b_1$ | 设备安全投入系数 | 0.3 |
| $b_2$ | 设备维护制度建设系数 | 0.2 |
| $b_3$ | 工作技能水平培养制度建设系数 | 0.33 |
| $c_1$ | 安全教育需求系数 | 0.3 |
| $c_2$ | 安全教育需求增加系数 | 0.2 |
| 政府容忍度/万元 | | 1 000 |
| 市场需求/% | | 35 |
| 项目工程量增长率/% | | 7 |
| 工程管理能力/% | | 80 |

表5-4  主要状态及辅助变量赋值[①]

| 变量名称 | 变量类型 | 初始值 |
| --- | --- | --- |
| 工作人员数量/人 | 状态 | 100 |
| 工作人员工作量/万元 | 状态 | 0.2 |
| 工作失误总数/次 | 状态 | 0 |
| 项目工程量/(万元/月) | 状态 | 550 |
| 安全投入/万元 | 状态 | 800 |
| 设备故障比例 | 辅助 | WITH LOOKUP(设备使用程度,([(0,0)-(100,0.85)],(0,0),(20,0.1),(40,0.2),(60,0.4),(80,0.7),(100,0.85))) |
| 设备维护能力 | 辅助 | WITH LOOKUP($b_1$*安全投入*$b_2$*制度建设,([(0,0)-(360,0.8)],(0,0),(360,0.8))) |
| 管制技能水平/% | 辅助 | WITH LOOKUP(安全教育投资使用率*$b_3$*制度建设,([(0,0)-(390,0.8)],(0,0),(390,0.95))) |
| 失误预期 | 辅助 | RANDOMNORMAL({0},{100},{55},{1},{50}) |

# 第四节　项目安全风险预警决策系统动力学模型检验

如前文所述,社会环境中的任何一个系统都是由复杂的子系统单元构成的,系统动力学所模拟的项目安全风险预警系统也不例外,它由物质流和信息流等不同的结构和功能组成。为了更加系统和清晰地描述项目安全风险预警模型中的结构和功能,我们在运用基础数学和运筹学的基础上,将系统动力学模型的仿真和模拟过程分为三个基本单元:变量、变量间关系式和与系统相对应的数学模型。而系统模型的检验,即是把系统模型的仿真模拟结果与现实状况的实际值进行比较,以此发现模型的问题,进而对模型进行调整和修改。

---

①注:表中辅助变量的初始值运用 Vensim PLE 软件函数语言表达。

从统计学的角度,可以将系统动力学模型的检验分为两种形式:一是系统动力学模型的适用性检验,二是系统动力学模型的一致性检验。在相关的文献调查研究中发现,系统动力学模型的验证方法很多,大多是从数学和统计两个角度对模型进行检验。模型的适用性检验主要采用量纲和模型灵敏度等方法,而模型的一致性检验主要从参数含义及适用性、参数的反应程度等方面开展。对模型的检验主要从模型的结构、行为等方面出发,可以分为四个方面:模型结构对项目安全风险预警系统的适用性检验;模型行为对项目安全风险预警系统的适用性检验;模型结构对项目安全风险预警系统的一致性检验;模型行为对项目安全风险预警系统的一致性检验。通过这四方面的检验,可以保证系统动力学模型在项目安全风险预警系统中的应用有效性。

本书在确定了变量的函数关系后,对建立的项目安全风险预警决策模型进行了有效性检验,以验证模型的合理性;以有效工期18个月为模拟区间,进行有效性检验。其中一种有效的方式是在项目工程量增加的情况下,考察工作人员工作量和工作失误数之间的关系。如图5-3所示,当工作量由正常工作量分别变化至1.5倍正常工作量和2倍正常工作量时,工作失误数发生了相应变化。图5-3中的曲线清晰地表明,当工作量超过正常范围越多,工作失误数也越多。模拟结果与张铭宗(2014)的研究情况相一致,即当工作量超出正常范围之后,工作失误数急剧上升,易导致安全事故的发生,造成安全损失。

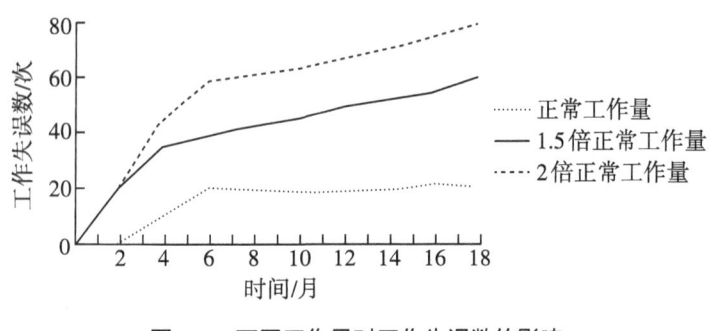

图5-3 不同工作量对工作失误数的影响

## 第五节 仿真及分析

在上述模型确定后,以政府容忍度为预警阈值,当政府容忍度超过阈值时,模型给予预警提示,以达到预期的预警目的。在Netlogo仿真平台运行项目安全风险预警系统动力学模型,得到仿真结果,如图5-4至图5-7所示。

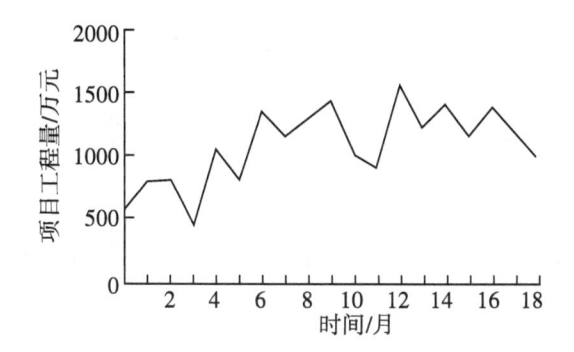

图5-4 项目工程量预测趋势图

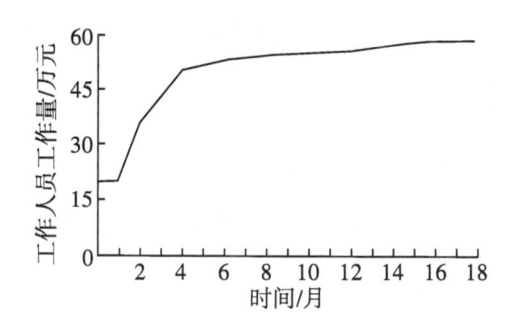

图5-5 工作人员工作量预测趋势图

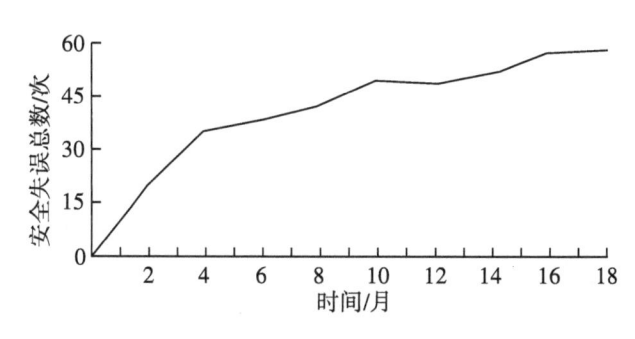

图5-6 安全失误风险事件预测趋势图

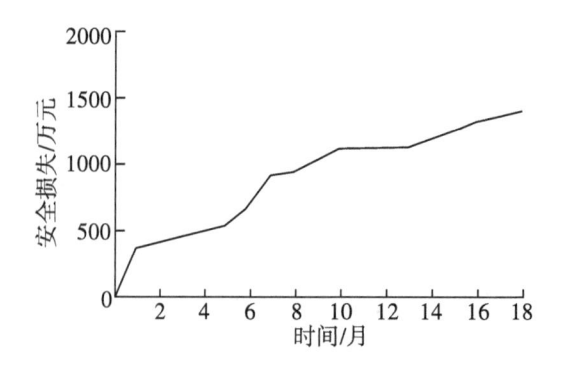

图5-7 安全损失预测趋势图

从以上预测趋势图分析可以看出,在假定工程量增长率7%不变的情境下,在经济景气指数及工程管理能力的共同作用下,项目工程量未来18个月呈现出振荡上升趋势,这与实际工程量的增长趋势是相符的。在项目工程量增长的情境下,工作人员工作量明显增加,且在未来6个月内的增幅是最大的,之后是趋于平稳的小幅度上升。在工作人员工作量稳定的情境下,由于工作人员长期工作带来的安全意识淡化和心理疲劳度增加,工作失误总数急速增加,因工作失误导致的安全损失也急剧上升,约在第9个月突破政府容忍度阈值(1 000万元)。这意味着安全损失在达到政府容忍度上限后,企业将受到惩罚和警告,企业必须做出相应的调整以满足政府要求和自身利益要求。在对预测结果分析的前提下,企业应调整其项目方案以期达到预想的结果。

# 第六章　结论与展望

## 第一节　总结

根据查阅项目安全风险预警决策的相关文献,我们了解了国内外项目安全管理、项目安全预警、项目安全信息技术、项目安全文化、建筑工人安全行为和项目安全政府监管研究,并基于此深化研究目标。本书以项目安全风险为出发点,明确构建项目安全风险预警决策系统的重要性,全方面分析项目安全风险预警决策系统,了解其组织机构、运行模式、工作流程和方法体系;深入决策影响因素识别问题,引入系统动力学,搭构起项目安全风险因素反馈模型,针对项目安全风险因素进行分析;结合BIM技术主导的项目安全风险预警信息模型,为构建项目安全风险预警模型提供理论支撑。

本书运用BIM技术、系统动力学和复杂适应系统理论多Agent建模方法,以广州市某建设项目为例,将项目安全风险预警决策系统作为研究对象,在Netlogo仿真平台上建立了系统动力学仿真模型,并对预警决策模型进行了实际检验,在跨度为18个月的时间内,分别对项目工程量、工作人员工作量、安全风险事件及安全损失进行了仿真模拟;在预警决策模型的预测值达到预警阈值时,在BIM模块中对项目方案进行虚拟调整,以期到达满足政府安全经济要求和建筑企业利益要求的目的。通过对建设项目真实数据、相关参考文献及年鉴数据的分析,设计的项目安全风险预警决策模型对未来18个月中的项目安全风险事件及安全损失能够比较直观地预测。

针对建筑项目施工过程中的安全风险问题,由于施工环境多变、工人和设备易受各方面影响出现较大的工作失误,项目安全风险预警决策系统呈现出复杂性和非线性特征。因此,本文建立了以"4M1E"模块、BIM模块和预警决策模块构成的项目安全风险预警决策模型系统。通过BIM模块提取"4M1E"基础因素信息,提供给预警决策模块;构建工作失误风险事件下的系统动力学模型,在项目工程量增加的情景下对Netlogo仿真平台建立的预警决策模型进行预测;通过预测结果对BIM模块中的施工方案及不安全行为、设备进行调整,直到能够满足利益方的要求。其预测结果真实地反映了在项目工程量增加情景下的风险预警决策过程,并且通过BIM模块能够提高风险管理的执行力度,对于减少施工安全事故有一定的指导作用。

## 第二节 结论

(1)项目安全风险管理不仅能够从定性的角度进行控制和管理,从定性和定量相结合的角度出发能够达到更好的预期效果;通过建立项目安全风险预警决策模型,能够较为清晰、直观地分析造成安全风险事件和安全损失的直接原因和关键因素,发现安全风险事件和安全损失主要由人员、设备和安全投入造成。

（2）提高项目安全投入和人员素质态度对防止项目安全风险事件发生和降低安全损失都有直接的积极作用；通过建筑企业的自我约束手段来进行项目安全风险事件的控制，还可以提高其安全管理能力；政府约束力和惩罚手段是企业控制安全风险事件发生的原则和底线，当安全损失超出了一定范围，企业会被处罚罚金并需要进行整改，比如我们将模型阈值设置为安全损失超过1 000万元。

（3）通过建立项目安全风险预警决策系统，即时采集信息，动态对项目安全风险事件进行控制和调整；通过对当前技术方案或施工方案能够造成的结果的预测量化分析，较为直观地反映方案的价值与实用性。

（4）对于预测分析结果不满足预期的建设方案，能够通过BIM模块以达到预期效果为调整目标，对方案进行调整并再预测。而单一的预警模型和仿真方法无法达到预警决策的目的。

（5）可以通过预警决策反馈回路和预警决策模型对方案中的关键因素进行调整，能够直接有效地达到目标，减少对建设施工中不安全因素调研的人、材、机的投入，高效简洁地对相应方案中的针对性因素进行调整。

## 第三节　建议

（1）进一步完善项目安全管理的法律法规体系，鼓励建筑企业建立统一化的项目安全管理信息平台；明确施工安全的相关政策，为项目安全管理参与方提供政策和经济上的支持。这些政策法规应当明确界定施工安全责任主体、管理要求、监督机制以及违规处罚措施,确保在项目安全管理各方面都有法可依、有章可循。

(2)进一步调整项目施工安全管理标准,制定定性和定量相结合的双指标评定方法,既要考虑到施工安全管理过程的规范性、完整性等定性因素,又要兼顾安全绩效、事故发生率等量化指标的评价。可以提高项目安全管理评定标准,并与企业资质和信誉挂钩,充分引起建筑企业或从业者对项目安全管理的重视;提高信息技术的利用水平,鼓励企业采用先进的信息技术,如物联网、大数据、人工智能等,通过实践对技术进行研发,实现施工安全的智能化管理。

(3)提高高校参与项目安全管理的研究资金,加大政策鼓励,鼓励校企合作,提高项目安全管理水平;通过校企合作,将理论落到实践上,共同钻研攻克项目安全管理中的技术难题,推动科研成果的转化和应用;鼓励高校与企业开展深度合作项目,了解行业需求现状,制定对应的培养方案,为市场输送更多专业化、高素质人员。

(4)加快推进将BIM、RFID等信息技术引入项目安全领域,完善项目安全管理中信息断层和静态控制的缺陷。政府应通过相关政策引导,充分发挥市场优化资源配置作用,应建立相应的技术标准和规范体系,保障信息技术应用的有效性。

## 第四节 展望

本文使用 Vensim PLE 软件、Netlogo 仿真平台对广州某项目安全风险预警系统进行了仿真和分析，为建筑企业施工安全管理提供了一种新的方法参考和控制手段。但是，由于作者研究视野和水平有限，本书还存在一些需进一步探讨和研究的问题：

(1) 本书研究的项目安全风险预警系统的相关因素和参数过于复杂，包括企业内部环境、社会环境及施工环境等，相关参数的统计资料和数据难以获取，采集难度较大，部分社会环境相关因素仅能采用当年的参数常值或前人研究的赋值进行仿真预测。针对这一问题，未来的研究可以探索更加高效的数据采集方法，同时加强与政府、行业协会、研究机构、企业等的合作，共享数据资源，提高数据的准确性和时效性，提升研究的针对性。

(2) 对项目安全风险预警系统中的政府参与度考虑较少。在项目安全管理问题上，许多方面需要政府强制力的参与、政策性的引导，而不仅仅是对政府对企业容忍度的考量，但实际上许多政策性引导或原则无法进行量化赋值。在未来的研究中，可以优化综合评估体系，引入政府政策导向、监管力度、执法效率等因素，借助问卷调查、专家打分、案例分析等方法收集数据，实现多维度量化分析。

(3) 信息拥塞问题。由于系统建立的复杂性和 BIM、RFID 技术手段应用的不成熟，大规模个体之间的信息流通不畅，仅能够获取部分即时信息，这对于预警决策系统而言就不可避免地会存在数据失真的情况。可以通过优化系统架构、技术算法和设计手段，加强数据相关保护措施，来减少数据失真的发生，确保数据的完整性；还可以引入人工智能优化算法对数据进行预处理和清洗筛选,减少数据失真对预警决策的影响。

(4)缺少对项目安全管理优化后的经济效益分析。项目安全管理不仅能够为企业带来经济效益,也可以作为企业生产的业绩,对未来工程量增加有较大影响。未来的研究可以建立起经济效益评估模型,聚焦于安全管理投入与产出之间的关系,实现安全管理优化前后的经济效益对比分析,为决策者提供科学依据;还可以将经济效益评估引入项目安全风险预警决策系统中,形成反馈机制,不断优化管理策略。

# 参考文献

[1]赵峰,王要武,金玲,等.2023年建筑业发展统计分析[J].工程管理学报,2024,38(2):1-6.

[2]周健,王亚飞,池永,等.现代城市建设工程风险与保险[M].北京:人民交通出版社,2005.

[3]罗陈.BIM环境下基于本体的建筑施工危险源自动识别与应用研究[D].武汉:中国地质大学,2017.

[4]ABDELHAMID T S,EVERETT J G. Identifying root causes of construction accidents[J]. Journal of Construction Engineering and Management,2000,126(1):52-60.

[5]李子文,卢守青,施龙.从"轨迹交叉论"看煤矿安全事故致因及预防措施[J].山西焦煤科技,2009(1):22-24,27.

[6]陶梦婷.基于系统动力学的装配式建筑施工安全风险评价与控制研究[D].西安:西安理工大学,2021.

[7]张程城.装配式建筑施工阶段风险评价研究[D].青岛:青岛理工大学,2018.

[8]彭田子.智慧工地的安全管理信息化应用障碍因素研究[D].重庆:重庆大学,2019.

[9]王清.智慧工地应用探索——智能化建造、智慧型管理[J].居舍,2018(35):133.

[10]毛志兵.推进智慧工地建设 助力建筑业的持续健康发展[J].工程管理学报,2017,31(5):80-84.

[11]张静.建筑工人安全行为与消极后果的结构关系实证研究[D].成都:西南交通大学,2016.

[12]彭蔚锋.建筑工程坍塌事故危险源分析与评价研究[D].南京:南京工业大学,2012.

[13]HINZE J W. Turnover, new workers, and safety[J]. Journal of the Construction Division,1978,104(4):409-417.

[14] HINZE J W,PANNULLO J. Safety:function of job control[J]. Journal of the Construction Division,1978,104(2):241-249.

[15]HINZE J W,PARKER H W. Safety:Productivity and job pressures[J]. Journal of the Construction Division,1978,104(1):27-34.

[16]HINZE J W,GORDON F. Supervisor-worker relationship affects injury rate[J]. Journal of the Construction Division,1979,105(3):253-262.

[17]HINZE J W,HARRISON C. Safety Programs in large construction firms[J]. Journal of the Construction Division,1981,107(3):455-467.

[18]HINZE J W,RABOUD P. Safety on large building construction projects[J]. Journal of Construction Engineering and Management,1988,114(2):286-293.

[19]LEE S,HALPIN D W. Predictive tool for estimating accident risk[J]. Journal of Construction Engineering and Management,2003,129(4):431-436.

[20]SURAJI A,DUFF A R,PECKITT S J. Development of causal model of construction accident causation[J]. Journal of Construction Engineering and Man-

agement,2001,127(4):337-344.

[21]HARPER R S,KOEHN E. Managing industrial construction safety in southeast texas[J]. Journal of Construction Engineering and Management,1998, 124(6):452-457.

[22]王颖,胡双启,池致超,等.建筑安全事故成因分析及预警管理的研究[J].中国安全生产科学技术,2011,7(7):112-115.

[23]何厚全,成虎,张建坤.网格化建筑施工安全监管模式及运行机制研究[J].中国安全科学学报,2013,23(9):142-147.

[24]王志.SMART原则下建筑企业安全管理评价体系[J].施工技术,2010,39(S1):436-438.

[25]刘霁,李云,刘浪.基于SEM的建筑施工企业KPI安全绩效评价[J].中国安全科学学报,2011,21(6):123-128.

[26]王飞,巍国兴,王书增,等.基于SVM的建筑施工项目安全风险评价[J].辽宁工程技术大学学报(自然科学版),2011,30(6):959-962.

[27]袁宁,杨立兵.基于粗糙集-人工神经网络的建筑施工安全评价及应用[J].安全与环境工程,2012,19(1):60-64.

[28]齐锡晶,王志智,韩飞飞.基于粗糙集的高层建筑施工安全评价研究[J].工业建筑,2010,40(S1):889-893,994.

[29]王根霞,张海蛟,王祖和.基于风险偏好信息的建筑施工现场安全评价指标权重[J].系统工程理论与实践,2015,35(11):2866-2873.

[30]刘光忱,游蕾,张靖.基于层次分析法的建筑工程施工安全风险评价[J].沈阳建筑大学学报(社会科学版),2013,15(3):282-285.

[31]杨莉琼,李世蓉,贾彬.基于二元决策图的建筑施工安全风险评估

[J].系统工程理论与实践,2013,33(7):1889-1897.

[32]黄国忠,吴忠广,杨灿生,等.基于灰色欧几里德理论的建筑施工安全评价模型[J].北京科技大学学报,2011,33(4):515-520.

[33]张丽梅,杜守军,刘卫然.基于可拓理论的建筑施工安全管理系统研究[J].中国安全科学学报,2011,21(8):138-144.

[34]张文博,宋德朝,郑永前.基于人工神经网络的建筑施工安全评价[J].工业工程,2011,14(2):75-79.

[35]张天麒.基于熵理论的建筑业安全管理风险等级评价模型的建立与应用[J].沈阳建筑大学学报(社会科学版),2014,16(4):385-389.

[36]陆宁,李霖,解燕平.建筑工程项目施工安全管理挣值法研究[J].中国安全科学学报,2013,23(3):145-149.

[37]黄世国,袁晓.建筑施工安全综合评价体系的研究与应用[J].西南大学学报(自然科学版),2012,34(7):130-135.

[38]侯茜,秦洁璇,李翠平.安全生产预警综合分析与研究[J].中国安全科学学报,2013,23(6):92-97.

[39]CRISTOBAL M P, ESCUDERO L F, MONGE J F. On stochastic dynamic programming for solving large-scale planning problems under uncertainty[J]. Computers & Operations Research,2009,36(8):2418-2428.

[40]HALLOWELL M R, GAMBATESE J A. Population and initial validation of a formal model for construction safety risk management[J]. Journal of Construction Engineering and Management,2010,136(9):981-990.

[41]THOMAS NG S, PONG CHENG K, MARTIN SKITMORE R. A framework for evaluating the safety performance of construction contractors[J]. Build-

ing and Environment,2005,40(10):1347-1355.

[42]MOHAMED S. Empirical investigation of construction safety management activities and performance in Australia[J]. Safety Science,1999,33(3):129-142.

[43]王克源,王成群.建筑施工安全预警灰色-AHP系统研究[J].低温建筑技术,2013,35(6):146-148.

[44]冯利军.建筑安全事故成因分析及预警管理研究[D].天津:天津财经大学,2008.

[45]林成.安全预警管理技术在建筑施工中的应用[J].施工技术,2006(5):31-34.

[46]吴贤国,陈跃庆,张立茂,等.地铁工程施工安全监控预警管理及评价标准研究[J].铁道工程学报,2013,30(5):107-111.

[47]顾雷雨,黄宏伟,陈伟,等.复杂环境中基坑施工安全风险预警标准[J].岩石力学与工程学报,2014,33(S2):4153-4162.

[48]施彬,赖苾宇,郑奋,等.基于可拓理论的建筑施工安全预警模型研究[J].海峡科学,2014(3):3-6.

[49]常春光,李婉,许明.基于模糊综合评判的建筑生产安全事故预警方法[J].沈阳建筑大学学报(社会科学版),2014,16(2):182-188.

[50]常春光,贾兆楠,杨玲.基于情景分析的建筑安全事故预警机制[J].沈阳建筑大学学报(社会科学版),2013,15(3):298-303.

[51]张云宁,管威.基于人工神经网络的施工安全性预警模型研究[J].长春工程学院学报(自然科学版),2007(3):61-63.

[52]陈帆,谢洪涛.基于因子分析与BP网络的地铁施工安全预警研究

[J].中国安全科学学报,2012,22(8):85-91.

[53]白凤美.建筑施工企业安全生产风险管理及预警信息系统开发与应用[J].建筑技术,2016,47(1):86-89.

[54]赵元庆,侯得恒.建筑施工项目安全预警系统的仿真研究[J].计算机仿真,2013,30(2):359-363.

[55]赵平,裴晓丽,薛剑.基于信息融合的建筑施工安全预警管理研究[J].中国安全科学学报,2009,19(10):106-110,179.

[56]林陵娜,苏振民,王先华.基于系统动力学的建筑施工项目安全状态识别模型构建[J].中国安全生产科学技术,2011,7(12):80-86.

[57]SINGH V,GU N,WANG X Y. A theoretical framework of a BIM-based multi-disciplinary collaboration platform[J]. Automation in Construction,2011,20(2):134-144.

[58]张泾杰,韩豫,马国鑫,等.基于BIM和RFID的建筑工人高处坠落事故智能预警系统研究[J].工程管理学报,2015,29(6):17-21.

[59]翟越,李楠,艾晓芹,等.BIM技术在建筑施工安全管理中的应用研究[J].施工技术,2015,44(12):81-83.

[60]胡振中,张建平,张旭磊.基于4D施工安全信息模型的建筑施工支撑体系安全分析方法[J].工程力学,2010,27(12):192-200.

[61]任宏,兰定筠.建设工程施工安全管理[M].北京:中国建筑工业出版社,2005.

[62]陈伟珂,龙昭琴,李金玲.基于多维关联规则和RFID的地铁施工实时动态监控研究[J].武汉理工大学学报(交通科学与工程版),2012,36(4):726-730.

[63]石东升,刘强,兰秉异,等.无线射频识别技术管理建筑工程信息研究[J].建筑技术,2017,48(3):305-307.

[64]李天华,袁永博,张明媛.装配式建筑全寿命周期管理中BIM与RFID的应用[J].工程管理学报,2012,26(3):28-32.

[65]江帆.基于BIM和RFID技术的建设项目安全管理研究[D].哈尔滨:哈尔滨工业大学,2014.

[66]CHOUDHRY R M,FANG D,MOHAMED S. The nature of safety culture: A survey of the state-of-the-art[J]. Safety Science, 2007, 45(10): 993-1012.

[67]ADIE W, CAIRNS J, MACDIARMID J, et al. Safety culture and accident risk control: Perceptions of professional divers and offshore workers[J]. Safety Science,2005,43(2):131-145.

[68]GILKEY D P, DEL PUERTO C L, KEEFE T, et al. Comparative analysis of safety culture perceptions among homesafe managers and workers in residential construction[J]. Journal of Construction Engineering and Management, 2012,138(9):1044-1052.

[69]LARSSON S, POUSETTE A, TÖRNER M. Psychological climate and safety in the construction industry-mediated influence on safety behaviour[J]. Safety Science,2008,46(3):405-412.

[70]李国战,王凤彬.建筑施工事故分析及施工企业安全文化的建设研究[J].科技资讯,2009(12):71-72.

[71]阮可.基于企业安全文化层面的建筑施工研究[J].建筑经济,2008(5):23-26.

[72]LARSSON S,PCOHEN H H,JENSEN R C. Measuring the effectiveness of an industrial lift truck safety training program[J]. Journal of Safety Research,1984,15(3):125-135.

[73]PROBST T M,GRASO M,ESTRADA A X,et al. Consideration of future safety consequences:A new predictor of employee safety[J]. Accident Analysis & Prevention,2013,55:124-134.

[74]AMPONSAH-TAWAIH K,ADU M A. Work pressure and safety behaviors among health workers in ghana:the moderating role of management commitment to safety[J]. Safety and Health at Work,2016,7(4):340-346.

[75]梁振东.组织及环境因素对员工不安全行为影响的SEM研究[J].中国安全科学学报,2012,22(11):16-22.

[76]居婕,杨高升,杨鹏.建筑工人不安全行为影响因子分析及控制措施研究[J].中国安全生产科学技术,2013,9(11):179-184.

[77]祁神军,姚明亮,成家磊,等.安全激励对具从众动机的建筑工人不安全行为的干预作用[J].中国安全生产科学技术,2018,14(12):186-192.

[78]叶贵,越宏哲,杨晶晶,等.建筑工人认知水平对不安全行为影响仿真研究[J].中国安全科学学报,2019,29(9):36-42.

[79]杨鑫刚,王起全.建筑安全管理机制博弈分析与改进[J].中国安全科学学报,2021,31(11):26-31.

[80]庄义勇.基于演化博弈的建筑施工安全生产与监管研究[D].南宁:广西大学,2021.

[81]陈宝春,陈建国,黄素萍.微分博弈视角下政府建筑安全监管策略分析[J].建筑经济,2018,39(8):107-111.

[82]朱发国.建筑安全政府监管问题与优化研究[D].衡阳:南华大学,2019.

[83]杨豪杰.建筑安全事故发生原因及控制措施研究[J].居业,2022(5):140-142.

[84]朱昊.新时期建筑安全监督管理工作存在的问题及对策[J].房地产世界,2022(5):158-160.

[85]戴孝明.落实安全生产监管责任要在"六心"上下功夫[J].湖南安全与防灾,2022(2):52-53.

[86] JASELSKIS E J, ANDERSON M R, JAHREN C T, et al. Radio-frequency identification applications in construction industry[J]. Journal of Construction Engineering and Management,1995,121(2):189-196

[87] CHAE S, YOSHIDA T. Application of rfid technology to prevention of collision accident with heavy equipment[J]. Automation in Construction,2010,19(3):368-374.

[88] SATTINENI A, AZHAR S. Techniques for tracking rfid tags in a bim model[C]. 27th International Symposium on Automation and Robotics in Construction,2010,346-354.

[89] RUEPPEL U, STUEBBE K M. BIM-based indoor-emergency-navigation-system for complex buildings[J]. Tsinghua Science and Technology,2008,13(S1):362-367.

[90]郭红领,刘文平,张伟胜.集成BIM和PT的工人不安全行为预警系统研究[J].中国安全科学学报,2014,24(4):104-109.

[91]张建平,胡振中.基于4D技术的施工期建筑结构安全分析研究[J].

工程力学,2008,25(S2):204-212.

[92]ZHOU Z,GOH Y M,LI Q. Overview and analysis of safety management studies in the construction industry[J]. Safety Science,2015,72:337-350.

[93]YU Z. Research on safety management of construction site based on BIM[J]. IOP Conference Series: Earth and Environmental Science, 2021, 719(3):032012.

[94]JUNG M,LIM S,CHI S. Impact of work environment and occupational stress on safety behavior of individual construction workers[J]. International Journal of Environmental Research and Public Health,2020,17(22):8304.

[95]PHAM K T,VU D N,HONG P L H,et al. 4D-BIM-Based workspace planning for temporary safety facilities in construction SMEs[J]. International Journal of Environmental Research and Public Health,2020,17(10):3403.

[96]ZOU P X,ZHANG G. Comparative study on the perception of construction safety risks in China and Australia[J]. Journal of Construction Engineering and Management,2009,135(7):620-627.

[97]哈林顿,尼豪斯.风险管理与保险[M].北京:清华大学出版社,2001.

[98]宋哲明.现代风险管理[M].北京:中国纺织出版社,2003.

[99]徐世伟,朱彪.中小企业内部风险识别与管理研究[J].黑龙江农业科学,2010(8):118-121.

[100]玉树伟,廖小新.建设工程项目风险管理研究综述[J].大众科技,2013,15(10):36-41.

[101]隋鹏程,陈宝智,隋旭.安全原理[M].北京:化学工业出版社,2005.

[102]黄烨.土木工程施工安全风险与管理措施探讨[J].散装水泥,2023(5):80-82.

[103]刘朋.公路工程施工安全监理的风险管理与防范措施[J].运输经理世界,2023(4):110-112.

[104]钱生巍,刘永莲.土木工程施工安全风险与管理措施[J].石材,2024(8):117-119.

[105]赛德格洛夫.商务风险管理完全指南[M].罗平岩,译.沈阳:沈阳出版社,2000.

[106]董传仪.危机管理学[M].北京:中国传媒大学出版社,2007.

[107]彭宗师.危机管理在建筑工程项目中的作用和策略探讨[J].中国建筑金属结构,2024,23(7):175-177.

[108]傅黎明.解析预警管理在建筑工程安全管理中的作用[J].大众标准化,2021(15):189-191.

[109]HOWARD R A. The foundations of decision analysis[J]. IEEE Transactions on Systems Science and Cybernetics,1968,4(3):211-219.

[110]康镲铄.基于BIM三位模型下地铁车站施工管理以及安全风险预警的分析[J].中文科技期刊数据库(引文版)工程技术,2024(6):134-138.

[111]冯硕.基于客户满意度的深圳港集装箱运输系统评价[D].大连:大连海事大学,2010.

[112]杨智.空中交通管制安全风险预警决策模式及方法研究[D].武汉:武汉理工大学,2012.

[113]闵敏.关于现代企业全面风险管理理念分析与模式探讨[J].财会学习,2020(18):55-56.

[114]罗帆.航空灾害成因机理与预警系统研究[D].武汉:武汉理工大学,2004.

[115]段雷,王春瑞,杨泽,等.建筑施工过程中基于BIM技术的安全风险识别与管控[J].建筑技术,2024,55(12):1489-1491.

[116]袁文婷.BIM技术在建筑工程施工安全管理中的应用[J].建材发展导向,2024,22(14):97-100.

[117]严斌,李斌彬.施工企业在安全管理中应用数字化技术意愿的影响因素研究[J].安全与环境学报,2024,24(7):2693-2700.

[118]LÓPEZ-BALDOVIN M J, GUTIÉRREZ-MARTIN C, BERBEL J. Multicriteria and multiperiod programming for scenario analysis in Guadalquivir river irrigated farming[J]. Journal of the Operational Research Society, 2006, 57(5):499-509.

[119]罗帆,刘小平,杨智.基于系统动力学的空管安全风险情景预警决策模型仿真[J].系统工程,2014,32(1):139-145.

[120]梁靖涵.基于系统动力学的建筑工程项目风险管理探讨[J].建筑技术开发,2020,47(2):58-59.

[121]马一太,曾宪阳,刘万福.地铁火灾危险性的模糊综合评判[J].铁道学报,2006(3):106-110.

[122]HEINRICH H W, PETERSEN D, ROOS N R. Industrial accident prevention:a safety management approach[M]. New York:Mcgraw-Hill,1980.

[123]钟茂华,魏玉东,范维澄,等.事故致因理论综述[J].火灾科学,1999(3):38-44.

[124]Adams E E. Accident causation and the management system[J]. Pro-

fessional Safety, 1976, 21(10): 26-29.

[125] GORDON J E. The epidemiology of accidents[J]. American Journal of Public Health and the Nations Health, 1949, 39(4): 504-515.

[126] GIBSON J J. The contribution of experimental psychology to the formulation of the problem of safety-a brief for basic research [J]. Behavioral Approaches to Accident Research, 1961, 1: 77-89.

[127] HASLAM R A, HIDE S A, GIBB A G F, et al. Contributing factors in construction accidents[J]. Applied Ergonomics, 2005, 36(4): 401-415.

[128] SURAJI A, DUFF A R, PECKITT S J. Development of causal model of construction accident causation[J]. Journal of Construction Engineering and Management, 2001, 127(4): 337-344.

[129] ASHCROFT D M, PARKER D. Development of the pharmacy safety climate questionnaire: a principal components analysis [J]. Quality & safety in health care, 2009, 18(1): 28-31.

[130] BROWN R L, HOLMES H. The use of a factor-analytic procedure for assessing the validity of an employee safety climate model[J]. Accident Analysis & Prevention, 1986, 18(6): 455-470.

[131] COOPER M D, PHILLIPS R A. Exploratory analysis of the safety climate and safety behavior relationship [J]. Journal of Safety Research, 2004, 35(5): 497-512.

[132] LIN S H, TANG W J, MIAO J Y, et al. Safety climate measurement at workplace in China: A validity and reliability assessment [J]. Safety Science, 2008, 46(7): 1037-1046.

[133] POUSETTE A, LARSSON S, TÖRNER M. Safety climate cross-validation, strength and prediction of safety behaviour[J]. Safety Science, 2008, 46(3):398-404.

[134] VARONEN U, MATTILA M. The safety climate and its relationship to safety practices, safety of the work environment and occupational accidents in eight wood-processing companies[J]. Accident Analysis and Prevention, 2000, 32(6):761-769.

[135] ZOHAR D. Safety climate in industrial organizations: Theoretical and applied implications[J]. Journal of Applied Psychology, 1980, 65(1):96-102.

[136] HINZE J. Construction safety [M]. 2nd ed. Englewood Cliffs: Prentice-Hall, 2006.

[137] HOFFMEISTER K, GIBBONS A M, JOHNSON S K, et al. The differential effects of transformational leadership facets on employee safety [J]. Safety Science, 2014, 62:68-78.

[138] BARLING J, LOUGHLIN C, KELLOWAY E K. Development and test of a model linking safety-specific transformational leadership and occupational safety[J]. The Journal of applied psychology, 2002, 87(3):488-496.

[139] PROBST T M. Safety and insecurity: exploring the moderating effect of organizational safety climate [J]. Journal of Occupational Health Psychology, 2004, 9(1):3-10.

[140] KASKUTAS V, DALE A M, LIPSCOMB H, et al. Fall prevention and safety communication training for foremen: Report of a pilot project designed to improve residential construction safety[J]. Journal of Safety Research, 2013, 44: 111-118.

[141]CIGULAROV K P,CHEN P Y,ROSECRANCE J. The effects of error management climate and safety communication on safety:A multi-level study[J]. Accident Analysis & Prevention,2010,42(5):1498-1506.

[142]TAM C M,ZENG S X,DENG Z M. Identifying elements of poor construction safety management in China[J]. Safety Science,2004,42(7):569-586.

[143]CAMERON I,AND DUFF R. A critical review of safety initiatives using goal setting and feedback [J]. Construction Management and Economics, 2007,25(5):495-508.

[144]LINGARD H. The effect of first aid training on Australian construction workers' occupational health and safety motivation and risk control behavior [J]. Journal of Safety Research,2002,33(2):209-230.

[145]WILLIAMS Q, OCHSNER M, MARSHALL E, et al. The impact of a peer-led participatory health and safety training program for Latino day laborers in construction[J]. Journal of Safety Research,2010,41(3):253-261.

[146]BURKE M J,SALVADOR R O,SMITH-CROWE K,et al. The dread factor: how hazards and safety training influence learning and performance [J]. The Journal of Applied Psychology,2011,96(1):46-70.

[147]HAN S,SABA F,LEE S,et al. Toward an understanding of the impact of production pressure on safety performance in construction operations[J]. Accident Analysis & Prevention,2014,68:106-116.

[148]CHANG Y H J,MOSLEH A. Cognitive modeling and dynamic probabilistic simulation of operating crew response to complex system accidents:Part 1:Overview of the IDAC Model [J]. Reliability Engineering & System Safety,

2007,92(8):997-1013.

[149]张孟春.建筑工人不安全行为产生的认知机理及应用[D].北京:清华大学,2012.

[150]ZHANG M,FANG D. A cognitive analysis of why Chinese scaffolders do not use safety harnesses in construction[J]. Construction Management and Economics,2013.

[151]HINZE J. Turnover, new workers, and safety[J]. Journal of the Construction Division,1978,104(4):409-417.

[152]AJZEN I. The theory of planned behavior[J]. Organizational Behavior and Human Decision Processes,1991,50(2):179-211.

[153]NEAL A,GRIFFIN M A,HART P M. The impact of organizational climate on safety climate and individual behavior[J]. Safety Science,2000,34(1):99-109.

[154]MOHAMED S. Safety climate in construction site environments[J]. Journal of Construction Engineering and Management,2002,128(5):375-384.

[155]FORRESTER J W. Industrial Dynamics[M]. Cambridge:MIT Press,1961.

[156]龚志起,丁锐,陈柏昆.废弃混凝土处理方式的环境影响比较[J].工程管理学报,2011,25(3):266-270.

[157]杜磊.基于系统仿真方法的产业新城开发过程演化研究[D].重庆:重庆大学,2019.

[158]罗飞,罗小明,张守玉.系统动力学在武器装备全寿命费用控制中的应用[J].装备指挥技术学院学报,2005(1):16-20.

[159]LOVE P E D,HOLT G D,SHEN L Y,et al. Using systems dynamics to better understand change and rework in construction project management systems[J]. International Journal of Project Management,2002,20(6):425-436.

[160]CHOUDHRY R M,FANG D. Why operatives engage in unsafe work behavior:Investigating factors on construction sites[J]. Safety Science,2008,46(4):566-584.

[161]GOH Y M,LOVE P E D,STAGBOUER G,et al. Dynamics of safety performance and culture:A group model building approach[J]. Accident Analysis & Prevention,2012,48:118-125.

[162]NEAL A,GRIFFIN M A. A study of the lagged relationships among safety climate,safety motivation,safety behavior,and accidents at the individual and group levels[J]. The Journal of Applied Psychology,2006,91(4):946-953.

[163]焦安亮,张鹏,侯振国.建筑企业推广BIM技术的方法与实践[J].施工技术,2013,42(1):16-19,64.

[164]建筑产业的先进观念——建筑信息模型[J].智能建筑与城市信息,2005(6):122-124.

[165]LEE G,CHO J,HAM S,et al. A BIM- and sensor-based tower crane navigation system for blind lifts[J]. Automation in Construction,2012,26:1-10.

[166]ZHANG S,TEIZER J,LEE J K,et al. Building information modeling (BIM) and safety:Automatic safety checking of construction Models and Schedules[J]. Automation in Construction,2013,29:183-195.

[167] HU Z,ZHANG J,DENG Z. Construction process simulation and safety analysis based on building information model and 4D technology[J]. Tsing-

hua Science & Technology,2008,13:266-272.

[168]BANSAL V K. Application of geographic information systems in construction safety planning[J]. International Journal of Project Management,2011,29(1):66-77.

[169]JANG W S,SKIBNIEWSKI M J. Embedded system for construction asset tracking combining radio and ultrasound signals[J]. Journal of Computing in Civil Engineering,2009,23(4):221-229.

[170]GOODRUM P M,MCLAREN M A,DURFEE A. The application of active radio frequency identification technology for tool tracking on construction job sites[J]. Automation in Construction,2006,15(3):292-302.

[171]DZIADAK K,KUMAR B,SOMMERVILLE J. Model for the 3D location of buried assets based on RFID technology[J]. Journal of Computing in Civil Engineering,2009,23(3):148-159.

[172]DOMDOUZIS K,KUMAR B,ANUMBA C. Radio-frequency identification (RFID) applications: A brief introduction[J]. Advanced Engineering Informatics,2007,21(4):350-355.

[173]黄双欢. RFID标签三维定位及防碰撞策略的研究[D].广东:广东工业大学,2012.

[174]高锐. RFID传感网络实时三维定位系统的研究与设计[D].广东:广东工业大学,2013.

[175]李恒,郭红领,黄霆,等. BIM在建设项目中应用模式研究[J].工程管理学报,2010,24(5):525-529.

[176]LI H,GUO H,SKIBNIEWSKI M J,et al. Using the IKEA model and

virtual prototyping technology to improve construction process management[J]. Construction Management and Economics,2008.

[177]张静晓. BIM管理与应用[M]. 北京:人民交通出版社股份有限公司,2017.

[178]刘康. 基于多Agent的复杂适应系统建模仿真研究[D]. 长沙:中南大学,2011.

[179]施永仁. 基于复杂适应系统理论的社会经济系统建模与仿真研究[D]. 武汉:华中科技大学,2007.

[180]张铭宗. 建筑工人疲劳与安全绩效的关系[D]. 北京:清华大学,2014.